UNION
DU SAVOIR AGRICOLE,

PAR

LOUIS CHATENAY,

De Doué-la-Fontaine.

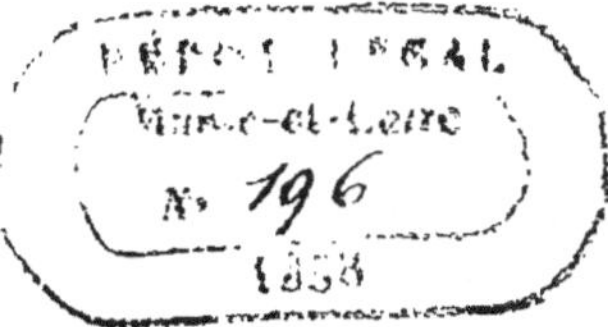

ANGERS,
IMPRIMERIE DE LAINÉ FRÈRES,
Rue Saint-Laud, 9.

—

1858.

UNION DU SAVOIR AGRICOLE.

Ordinairement on trouve choquant et hors de convenance, que sans éducation même commune, un homme ose exposer ses idées en les publiant.

Cet homme le prévoit et pense que beaucoup d'autres comme lui, humiliés par défaut d'instruction, renoncent à publier leurs pensées, chacun sur quelque chose dans l'étendue des sujets qui peuvent améliorer l'Agriculture.

Pourtant, ceux qui y emploient tout leur temps et leurs forces, sont les plus assidus spectateurs de tout ce qui s'exerce et qui devrait s'exercer contre les multitudes de difficultés naturelles et renaissantes qui s'opposent incessamment à la fécondité nécessaire de toutes les récoltes.

Quoique eux-mêmes reconnaissent ignorer beaucoup de perfections connues dans l'Agriculture, ils examinent ce qu'ils voient parmi les champs, et reconnaissent ce qui produit et produirait meilleur effet sur plusieurs genres. Ils reconnaissent parfois d'où naissent les obstacles et cherchent avec attention le plus simple et facile moyen de les vaincre ; dans le détail des plantes, ils reconnaissent sur quelques-unes des perfectionnements importants sur leur culture, mais parfois leur position s'oppose à opérer eux-mêmes ce qu'ils pensent, ou c'est par trop faible essai qui reste inaperçu ; d'autres également, par goût particulier, pensent de même sur d'autres points, mais les uns et les autres se trouvent bornés par leurs usages et positions, et ne réunissent point leurs idées pour les publier ou en faire part.

Peut-être regretterai-je de n'avoir pas eu la même modestie ; ce qui m'encourage, c'est que je crois donner le moyen d'obtenir le savoir de tous et le communiquer à tous, si on le juge utile à l'intérêt des pays ; par ce moyen, l'avancement si désirable gagnerait avec une extrême facilité des perfections dont on ne connaît pas l'élévation. Mais on connaît le but de bienfaisance que répand son avancement plus actif.

Les utilités pour soi et sa famille est le but qui dirige ordinairement les travaux et les soins; une seule utilité qui se répète pour beaucoup, et en beaucoup de pays est bien des fois précieuse.

Je désire que mes expressions et conseils n'offensent point le grand nombre des cultivateurs, à qui je suis loin d'envier la supériorité dans leurs travaux d'usage, que je n'ai jamais pratiqués, mais seulement fait faire faiblement un peu, ayant un peu plus travaillé à d'autres spécialités de culture, dont la plupart des moyens d'exécution, de vigueur sont les mêmes pour tous les végétaux, sauf les convenances à la disposition de chaque genre ; mon but n'est pas de citer la culture particulière des plantes, que l'application générale doit toujours s'attacher à embellir.

Je ne cite rien non plus sur les labours de préparation.

Chacun doit savoir que le but des labours est pour rafraîchir la terre, en la brassant et retournant, pour en faire dissoudre les parties dures et compactes, à une profondeur nécessaire, ce qui y introduit une suffisance d'air qui est favorable aux plantes qui y introduisent et étendent avec plus de facilité leurs racines en tous sens dans une bonne épaisseur cultivée ; l'eau nuisible s'y tient moins et l'humidité utile s'y conserve mieux pour humecter les substances qui nourrissent les végétaux.

Il y a longtemps que dans le monde se répète cette vérité : *L'union fait la force.* Sur ce point on reconnaît qu'il faut s'entr'aider, s'entre-fortifier, afin de s'entr'utiliser.

A ce sujet, soit que la plupart des pays soient arrivés à un degré élevé, mais si en chaque peuple les populations plus heureuses viennent à s'accroître beaucoup, voit-on assez de ressources assurées, pour ne point s'embarrasser sur la prévoyance des consommations alimentaires que les bonnes terres ne fournissent guère en superflu.

Pour prévenir et améliorer l'existence du présent et de l'avenir, il faut penser, car dans le monde, au nom de la puissance suprême, on répète aussi : *Aide-toi, je t'aiderai.*

Il est à croire, d'après toute l'apparence la plus simple et la plus naturelle, et son attention inspective, que c'est sur les différences des sols qu'il faut s'arrêter sans chercher ailleurs. Ces différences de nature des terres sont destinées à produire ensemble de quoi suffire au monde.

Mais dans la tâche solidaire de ces différents sols , c'est nous qui devons les aider à s'entre-pourvoir , s'entre-fortifier et s'entr'utiliser, afin que tous produisant ensemble puissent combler la mesure croissante des provisions qu'il nous faut chaque année, et sans délai ni remise.

En prévenant contre ces défauts et publiant, l'union des terres fera leur force , bientôt un peu de superflu d'épaisseur ou de fonds des terres riches aidera et fertilisera peu à peu les immenses terres pauvres et médiocres de tant de beaux emplacements et même de celles infructueuses , et on verra l'accroissement des productions de la terre marcher toujours en avant de celui des populations. Ces immenses travaux sont d'immenses ressources que le présent doit commencer pour soi et pour l'avenir.

Pour les travailleurs , la conviction fait leur force , le savoir agricole en tout perfectionnement doit être communiqué en tout lieu au moins suivant le besoin, ainsi que les conseils sensés qu'il intéresse de bien connaître dans l'étendue de ces emplois. Ce sont ces sujets et autres choses qui peuvent intéresser qui sont détaillés et répétés dans ce petit ouvrage.

Il faut se souvenir du passé et penser pour l'avenir. Dans les années très-abondantes il ne faut pas se relâcher sur les soins et frais de la culture , afin que cette abondance se perpétue, ou que dans ces variations elle s'éloigne moins de la suffisance, qu'il est si utile d'entretenir même par tout le zèle et les efforts de l'intelligence laborieuse en appréciant comme on le doit le suprême moyen de bonheur qu'elle maintient et les misères qu'elle éteint avant qu'elles paraissent.

Que l'art si beau de l'Agriculture obtienne la considération d'être étudié dans les projets croissants, et qu'il soit aidé dans l'acheminement d'une plus puissante et plus constante fécondité, même dans les variations de toutes choses nécessaires et agréables que l'on peut en espérer, et dans les années d'excès de ces dons, joyeusement on doit donner plus de travaux en faveur des produits éloignés des temps à venir, se souvenant du passé.

Malgré tout ce qu'a gagné l'Agriculture depuis les premiers temps de nos plus anciens, qui nous en ont tant parlé, et malgré que l'on ne laisse de donner des louanges d'admiration aux progrès de cet art dans tous les pays, malgré la vérité de ces précieux perfectionnements de bien-être dont en général se ressentent tous les humains, le progrès des consommations plus recherchées poursuit de près celui des productions, parfois l'aborde et fait attendre avec gêne les fruits de la nouvelle année.

On sait que pour l'accroissement des produits il faut immensément de travaux. C'est pourquoi, à considérer l'ensemble de l'intérêt mutuel, il faudrait attirer les travailleurs à l'ouvrage le plus utile; mais quelques-uns peuvent dire : Doit-on espérer et croire que la terre puisse produire beaucoup plus plus qu'elle ne le fait? Pour apercevoir avec plus de sûreté cette chose, il faudrait que dans quelque commune prise au hasard en divers pays, une commission composée de quelques visiteurs et d'un petit nombre des plus éclairés de cette commune, qui en connaissent bien la culture et les terres, que du 15 juin au 15 juillet, cette visite se fasse bien à point sur l'étendue de la commune ; l'attention se porterait principalement sur l'état des moissons d'après les récits et considérations.

D'accord, cette commission citerait le plus ou moins de défaut et de quantité qui se trouve en moins de ce qu'elle devrait être, pour des causes d'insuffisance dans les préparations et précautions praticables.

D'après ce qu'ils verraient et ordre qu'ils aviseraient, ils pourraient ensemble apercevoir à peu près le chiffre de l'absence des produits, sur cette commune, provenant de l'absence de beaucoup de choses qui auraient pu contribuer à enrichir les productions.

Que la commission permette aux visiteurs seuls de grossir l'addition d'absence de récolte par celle qu'ils croient pouvoir s'accroître quand s'appliqueront les soins recherchés depuis les grandes choses jusqu'aux plus minutieuses, mais précieuses par leurs effets, et sans dépasser les mesures que leur fait connaître leur expérience de perfectionnement, les chiffres seraient réunis non pour en faire reproche, mais pour faire connaître ce que le savoir et l'intelligence active peuvent acquérir ; que ce chiffre d'espérance d'une seule commune soit multiplié par le nombre des communes d'un département, cela donnera un aperçu de ce que l'on peut espérer du progrès de la culture des terres. Mais si on désirait un récit plus assuré des visiteurs et commissions, il ne faudrait pas une visite seule, mais une autre la veille des semailles des blés, une autre en mars, l'autre en mai ; ils verraient et jugeraient plus clairement de toutes les choses. pour les récits qui peuvent être d'un intérêt important à connaître.

L'application agricole nécessairement doit varier en quelque chose dans ses pratiques en changeant de sols et climats ; c'est pourquoi des livres volumineux sont rarement à la convenance entière d'un seul pays et à celle des cultivateurs variés de force et de position et quelquefois de désir ou d'appréciation pour les entendre.

L'établissement d'une communication instructive et réciproque où seraient employés quelques visiteurs capables qui instruiraient en tous les lieux qu'ils visiteraient en s'instruisant eux-mêmes de plus en plus, serait le plus rapide moyen d'atteindre le but désiré qui est de récolter beaucoup. Si on le croit possible on doit le désirer, si on le désire peut-on mettre trop d'ardeur à le réaliser même en admettant que l'accroissement des récoltes n'est estimable que suivant le chiffre de son augmentation ?

Ainsi, supposant, un par cent n'est pas aperçu, mais pourtant peut exister.

Trois pour cent n'est pas encore d'une apparence bien visible, et est d'une prétention que l'on doit trouver trop modeste, et pourtant si on le considère on voit que ce surcroît annuel est capable de nourrir en France un million d'habitants en plus. A ce mot d'un million, n'est-ce pas assez pour exciter tous les cœurs à l'application d'une si belle tâche qui peut atteindre un but plus élevé ?

Pour cela, il faut demander et solliciter ce petit établissement mobile, qui répandra et facilitera la communication générale et réciproque des habiletés de tous, qui par l'espoir d'un tel bien se feront une généreuse obligation de contribuer à l'obtenir.

La réussite des cultivateurs comme d'autres, vient des avantages qu'offre la diversité des circonstances. Mais elle vient aussi de la volonté d'y réunir son esprit, sa prudence, une exacte surveillance, et aussi l'activité que donne l'amour de son métier et de soi.

Il serait désirable même pour l'intérêt général que l'on porte aux bonnes récoltes, que tout cultivateur serait toujours maître de son ouvrage, n'en ayant pas trop pour que les travaux ne soient jamais en retard, car c'est un grand préjudice si, malgré ses fatigues, on finit tard sans le bien faire.

Heureux celui qui calcule tout avec ordre, par aide il se hâte de faire à temps ses travaux ordinaires, afin qu'il lui reste au moins chaque mois de trois à cinq jours pour se livrer avec ses hommes et équipages, à d'autres travaux non ordinaires, qu'il projette d'avance pour l'abonissement de ses terres et autres utilités de prévoyance.

Les cultivateurs qui réussissent le mieux sont les plus heureux et les plus utiles à la société, à qui ils livrent le plus de fruits. N'importe l'étendue, si par application à ses travaux et affaires il domine sa position et en tire parti sans s'écarter des lignes de prudence et de droiture, l'estime générale, sans mésalliance, lui tendra la main.

La terre a des ressources infinies , mais elle n'est pas trop reconnaissante ni prodigue.

Mais par l'application éclairée de tous les travaux utiles, plus on la traite habilement, plus elle rend.

Il faut donc bien s'entendre tous, pour qu'elle rende assez pour les maîtres et les fermiers, et la société qui les sert ou les fait valoir ; assez pour que tous les braves et simples manœuvres de toute utilité, puissent jusque dans l'âge des infirmités manger leur pain sans humiliation , et ne pas le voir manquer dans les familles de leurs enfants.

Pour semer la prospérité générale et confier à d'autres les talents particuliers qu'il offrira aux lumières publiques, c'est une générosité qui donne de la hardiesse ; en outre, chacun a toujours assez d'éloquence pour apprendre à d'autres ce qu'il sait.

On sait que quelquefois d'un établissement de culture à un autre on trouve quelque chose à apprendre , mais aussi on échange quelque chose à montrer; sorti de son pays on trouve beaucoup plus de moyens de s'entre-perfectionner, mais ce moyen ne convient qu'à la jeunesse.

Mais dans une grande métairie ou une ferme ordinaire, le maître pour gagner un peu de mieux, réunirait même les gens qu'il occupe et ses bons amis du voisinage pour former (s'il veut donner ce nom) un conseil d'Agriculture , pour discuter avec eux tous sur chaque article de travaux, ce qui serait bien , ce qui serait mieux et devrait être ajouté , afin qu'en tout ce qui se cultive sur la ferme, il en obtienne un peu de supériorité. Le maître écouterait leurs conseils, réfutations et approbations, et même les idées qui plus tard leur viendraient par suite de cette séance. Il est à croire que l'avantage qui en résulterait , ferait que le maître les convoquerait chaque année , reconnaissant l'intérêt qu'il y a à honorer les gens qu'on occupe , afin de se servir de l'esprit de plusieurs, tel que quelquefois un père intelligent reçoit un avis intéressant de son fils timide et inexpérimenté ; cela prouve que les rayons de pensées qui se mêlent et s'avancent, gagnent des lumières qui éclairent le bon choix des choses.

Pour arriver au but proposé comme source de haut perfectionnement , il serait au moins désirable qu'en chaque département il y ait quelques travailleurs expérimentés dans l'art des diverses pratiques de bonne culture et soins détaillés qu'ils entendent ; serait-ce même des serviteurs ou paysans , n'importe , s'ils se sentent capables et disposés pour les choses ci-après, et s'appuyent sur l'approbation d'hommes capables qui les connaissent et peuvent les munir de certificats de capacité et de discernement.

Ils partiraient avec un savoir incomplet commencer à exercer un métier qui peut leur réussir et faire honneur , et sans s'arrêter aux quelques rebuts qu'ils auraient à braver des gens fiers ou inconséquents , en se présentant comme visiteurs agricoles, portant des conseils à domicile, chez les riches propriétaires comme chez les cultivateurs de toute position. La presque totalité sera assez sage pour les recevoir et écouter , leur faire voir leurs tenues de culture et les interroger sur bien des choses , afin de leur donner même de l'encouragement et des conseils pour bien remplir cette profession précieuse pendant qu'ils ne sont pas encore exercés dans ce métier , auquel ils n'avaient jamais pensé , ils s'instruiraient eux-mêmes très-rapidement en devenant par là de plus en plus précieux par tous les lieux où ils communiqueraient leurs visites et instructions.

Souhaitons que cela prenne aussi favorablement que le sujet le mérite.

Heureux si des savants bien pourvus de talents et de convenance à ce sujet , entreprennent cette même chose ; leur dévouement bienfaisant serait de la plus grande utilité , car aidés des lumières de la science , ils connaîtraient par plus de moyens les dispositions et propriétés végétales de la terre , même en profondeur.

Ils démontreraient les avantages qu'offrent les situations des sols et terres intérieures , par propriétés , pour augmentation ou comme amendement et composition de d'autres terres des environs qui manquent dans ces choses.

Suivant les besoins, ils donneraient des avis pour des opérations qui sont les plus intéressantes pour les particuliers, quelquefois même pour le pays , tels que de grands et longs fossés qui puissent vider tous les autres en éloignant les eaux des bas plateaux , afin que l'eau ne séjourne pas même en hiver dans l'épaisseur du sol où les racines des blés doivent se nourrir , car cela la laisse trop compacte et sans air. Dans les diverses opérations que l'utilité leur fera conseiller, ils indiqueront les bonnes manières de s'y prendre, ils assisteront aussi de leur science élevée le détail de toutes les pratiques de culture.

Ces honorables visiteurs ne doivent pas faire rebuter les simples travailleurs, résolus à se vouer à cette profession , car à chacune de ces classes sont attachées des connaissances et pratiques particulières, et le génie naturel peut naître partout ; ainsi l'un et l'autre doit être loué , car la France est large et l'Europe est grande.

Ainsi , il ne faut pas que trop d'humilité retienne , car il suffit de s'occuper spécialement d'une chose pour trouver beaucoup de perfectionnements à y porter.

Il se trouve une foule de sujets successifs, où ils étendront leurs attentions par affection d'intérêt , et se formeront une idée sur tout ce qui peut être mieux , et le mettront en note pour en augmenter leur savoir, qui toujours s'enrichit, même parmi les défauts, et qui les rend inventifs.

Ainsi , c'est dans leur parcours que sans beaucoup tarder ces hommes deviendront , plus qu'il ne s'est jamais vu , capables de renseigner sur tous les points désirables, à la portée des forts, des faibles et des différents genres d'utilités agricoles , et faire qu'en tout temps et toujours il y aura des travaux à offrir aux gens inoccupés , jusque dans les choses légères qui souvent couronnent de succès les gros travaux.

Pour leurs conseils ils les dirigeront toujours dans l'intérêt particulier de celui qu'ils visitent, selon qu'ils reconnaissent la convenance ; quelquefois ils conseilleront à l'un de simplifier ses cultures pour faire moins de frais et plus de profit, à un autre d'en enjoindre une nouvelle, vu que son état et situation en facilite l'avantage ; chez un autre ils le détourneront d'un projet dont ils lui feront voir l'inconvenance par l'ensemble des conséquences et lui enseigneront les choses où il peut employer son énergie et trouver son profit.

Partout ils corrigent et donnent les conseils propres et encouragements pour bien tirer parti des sols et positions, pour le profit particulier qui fait celui général.

On pourra les croire ainsi, car pour se rendre dignes de leur mission , ils montreront chez tous des cœurs d'amis expérimentés ; c'est là ce qui formera leur réputation, qui est le plus bel intérêt.

A ceux qui ne seraient pas amateurs de ces visites , leurs amis pourraient leur dire : C'est à tort si vous les refusez ; pensez-vous qu'il ne puisse plus sortir de nouveauté pour le perfectionnement ? vous savez qu'il y a peu d'hommes qui ne se servent parfois des bonnes idées de d'autres qu'ils n'égalent pas en savoir.

Sur la belle tenue de vos cultures et domaines , il y aura toujours quelque chose à citer et quelques conseils à placer. Les livres ne portent pas en détail la revue de chaque propriété, comme ceux qui sont sur les lieux qui font apercevoir et apprécier les choses , et répondent à vos objections ; ils vous donneront des indications qui seront toutes à la convenance des richesses végétales, de votre sol et de vos intérêts, sans mélange de ce qui vous serait étranger, ennuyeux, ou assez connu. Parmi ce qui est beau , qu'ils admirent , ils pourront sur quelque chose vous faire connaître ce qui peut encore accroître la perfection et la quantité.

Chez vous comme chez d'autres, un défaut qui existe ou se pratique par habitude , ne choque point ; mais le passant qui a vu mieux, le cite et dit ce qu'il faut sur plusieurs articles , discute avec vous pour votre avantage , et satisfait vos questions s'il le peut.

La profession de ces visiteurs leur fera promptement connaître tous les genres de culture pratiquée, et parmi tant de manières de travailler chaque genre de terre, chaque genre de plante, ils distingueront les pratiques meilleures et les plus avantageuses jusque dans les particularités de soins les plus légers comme dans les travaux les plus forts , avec discernement. Ils enrichiront leurs savoirs des méthodes qui sont les plus raisonnées, les plus convenables pour chaque pays, chaque climat et sols différents, et verront ce qu'il convient d'enseigner à chaque cultivateur, qu'ils ne quitteront pas sans le convaincre et le décider de changer ce qui est mauvais de ses coutumes, mais sans jamais changer pour d'autres principes qui ne seraient pas supérieurs en avantage.

Que la tenue d'entreprises soit grande ou moyenne, ou petite, ils les instruiront pour conduire ce qu'ils font d'une manière aussi parfaite comme on puisse le voir chez les plus habiles et les plus appliqués.

Ils pourraient pour le besoin se former des plans différents, clairs et perfectionnés pour l'association d'un ou plusieurs serviteurs.

Et quand des fermiers ou propriétaires que leurs positions ou circonstances obligent à se maintenir à

leur entreprise à laquelle leur activité et surveillance ne
peuvent plus suffire , il entre dans leur intérêt particulier
de s'associer un ou plusieurs serviteurs, aux conditions
de tant par hectolitre fixé sur le produit de toute récolte ,
et même si l'on veut sur la vente des bestiaux, leur
achat déduit, se basant franchement sur les produits des
années précédentes en moyenne ; mais en cas d'année
très mauvaise, garantir le serviteur d'un gage qui puis-
sé le satisfaire. Par ce moyen qui est praticable on
conçoit que le maître éviterait bien de désagréables sus-
ceptibilités ; il n'aurait pas seulement l'aide des bras de
son serviteur, mais encore l'aide de sa pensée et de son
intelligence qui deviendrait active et surveillante ; ils
seraient ensemble unis dans leur point d'intérêt qui
pour l'un et l'autre s'obtiendrait plus facilement et plus
considérable.

Dans la proposition que je fais des visiteurs je crois
m'être uni au désir général qui est d'introduire le savoir
et le zèle, pour les bonnes méthodes dont on se plaint
toujours du retard ; je ne peux ici me flatter du résultat.
Je persiste à conseiller cet établissement de parcours de
visiteurs comme devant être une abondante source de
bienfaisance ; mais j'ai voulu émettre ici quelques avis
directs sur les travaux ; cela entame leur grande
tâche.

Les visiteurs feront connaître et distinguer le grand
nombre des terres où les défoncements plus ou moins

profonds, doivent en élever la force et la fertilité; mais comme les défoncements à bras sont très-dispendieux , que par hectare trois cents francs de frais y entrent environ, il faut que de profonds labours les remplacent.

Si le sous-sol du labour profondément creusé est encore praticable, c'est-à-dire sans pierre ou autre chose capable de faire obstacle, on peut avoir une grande charrue dont le soc à pointe large en équerre, soulève la terre du fond de deux à quatre pouces sans la sortir de l'entaille. Cette charrue peut suivre la première qui ouvre les entailles en versant la terre.

Ou si les bêtes d'attelage ne suffisent pas, il faut ouvrir beaucoup d'entailles et les changer de charrue pour approfondir ; mais si par quelque obstacle cette terre neuve, du fond, n'est pas praticable à la charrue, il faut alors que des hommes l'approfondissent avec de fortes pioches et pics fourchus également sans la jeter à la surface. Par ce travail l'air qui s'y trouve introduit, l'attendrit et la rend propice pour la pénétration des racines qui y puisent un supplément de nourriture et d'abondante fraîcheur, pour compléter la croissance des plantes qui profitent de l'épaississement de la terre labourée , qui aussi se trouve plus semée.

En défonçant il faut se donner garde d'introduire au fond de l'entaille des parcelles de vrai chiendent, car à cette profondeur d'où il repousse il devient presque indestructible; le défoncement est le moyen le plus prompt d'exhausser la valeur des terres ; de cette manière il n'est pas très-dispendieux, il serait utile de le renouveler tous les dix à quinze ans, en creusant quel-

ques pouces plus bas, mais quinze pouces est à peu près
la profondeur qui peut convenir; cela convient pour toute
chose, mais ce n'est pas le meilleur d'en donner l'étrenne
au froment, à qui il convient beaucoup ensuite.

Les visiteurs sondent aussi pour d'autres vues les
terres basses, celles des pentes et des hauteurs, et font
connaître comme il serait bon de faire des transports et
opérations, pour améliorer les terres ingrates des environs, faisant voir ce que les situations facilitent.

Ils fournissent une quantité d'avis et d'instructions sur
ce que l'aspect des choses présentent à leurs yeux , et
rappellent à leur mémoire et connaissance.

Pour les plantations d'arbres, ils donnent aussi leurs
avis et le genre convenable aux différentes terres et
situations, font apprécier la culture utile des premières
années , et aussi les traitements légers à leur donner
pour la croissance en élévation et en qualité.

Ils donneront aussi leurs idées étendues par moyens
variés, et leurs conjectures pour tirer un parti favorable
des défrichements de landes, distingueront les espaces
qui n'ont besoin que d'être assainis pour devenir labou-
rables et productifs pour chacune; ils pourront conseiller
leur premier emploi en culture et la suite, ils distingueront, s'ils le peuvent, celles qui ne conviennent pas
à être cultivées, mais plantées en bois, et citeront le
moyen de l'obtenir plus sûrement , en y mêlant des
plants de bois quelconques, à leurs choix, variés d'arbres qu'ils croient convenir, d'après examen ; ils citeront aussi celles de ces landes que prudemment on
doit laisser telles.

Ces visiteurs et guides ne donneront pas de cours.

suivis par ordre, mais suivant les besoins qu'ils rencon-
treront. Ils auront avec eux des modèles parfaits des
meilleurs instruments qui peuvent être trop peu connus,
ainsi que de petits et grands outils à main , convenant
le mieux pour les opérations fortes et pour les plus dé-
licates et légères ; ils en feraient confectionner pour modèle dans les communes où on en a besoin, et montre-
raient à s'en servir, à quoi elles sont propres , et cela
rendrait d'immenses services.

Ils indiqueraient des suppléments à donner à la culture des jachères et aux autres guérets de préparations,
pour anéantir par cet effet les herbes vivaces ou leur
vigueur, afin qu'elles ne fassent point de tort au blé
qùi doit suivre, et causer aussi la diminution des herbes
annuelles , que la récidive des labours fait lever avant
la semaille du blé.

On ne peut trop désirer l'absence de l'herbe parmi
les blés, afin qu'ils profitent seuls du bon état de la terre,
des faveurs de l'air et des rosées bienfaisantes.

Si on pouvait réussir à toujours la détruire parmi le
blé avant qu'elle fasse tort à ses jeunes dispositions ,
l'examen porte à croire que les moindres récoltes seraient encore passables , jamais malheureuses.

Ils donneraient le détail de tout ce qui convient à
être semé ou planté en ligne à large distance , afin
de pouvoir, entre, passer une petite charrue à un cheval,
qui rechausse un peu la terre sur les lignes plantées, telles
que pommes de terre, betteraves et carottes, semer sur le
dos des billons, entre les choux d'hiver et autre chose ;
pour cet effet on peut aussi se servir de ratissoire à cheval , que l'on fait faire de largeur à volonté , qui sert
aussi pour détruire l'herbe parmi les guérets.

On peut faire cet instrument plus simple et plus léger que ceux ordinaires, telles que trois lames d'acier minces, chacune formant une équerre sur laquelle sont appuyés leurs pieds de fer, qui s'enclavent à volonté en trois places d'un morceau de bois fourchu ou préparé de cette manière : le pied de fer enclavé dans l'entrure ferrée du bois le soutient à huit pouces plus haut que les lames sur l'angle desquelles il est soudé.

La première de ces trois ratissoires est placée à la tête de l'arbre, avant l'enfourchement.

Et les deux autres à un mètre de celle-ci, sur les branches faiblement écartées pour que les trois lames ensemble râpent seulement un mètre de large ; encore cette largeur serait trop pour les entrelignes des plantes, on peut ne mettre que deux crochets pour tenir les traits d'attelage, mais il faut que ces crochets soient un peu en avant de la première ratissoire pour ne pas faire soulever celle de derrière, quand celle du devant s'enfonce trop en terre; il est utile qu'en arrière suivent deux petits mancherons de charrue pour que cela marche plus carrément.

Lorsqu'on s'en sert, on charge à volonté le bois pour entrer en terre plus ou moins, comme aussi on peut lâcher d'une clavette, et le plus souvent un cheval seul peut mener cela facilement sur les guérets, à plat ou en billons; la première lame râperait le fond de la raie, et les deux autres glisseraient dans le flanc des billons, en tranchant les racines des herbes que la saison fait sécher; il faut que l'extrémité des deux lames soit peu distante, afin qu'elles puissent atteindre les racines qui échapperont à celle du devant ; ce travail rafraîchit la terre comme ferait un double labour de supplément, et y introduit de l'air et froisse les mottes sans les enfouir. Pour les billons, on peut disposer les lames obliques comme leur pente.

En bien des occasions, telles que pendant la moisson, que les hommes sont très occupés, un cheval seul qu'un enfant peut conduire, peut approprier tous les guérets de la ferme, dont le bon état est comme des inscriptions de sûreté sur la fécondité de l'année suivante.

Pour toutes les plantes de n'importe quels genres, que l'on sème en lignes, il convient le plus souvent d'y maintenir la propreté et la fraîcheur, par l'emploi des ratissoires à mains qui sont plus adroites.

Ces ratissoires qui se font minces et légères, quelquefois très-étroites, conviennent aussi pour servir après l'hiver au nettoyage de l'herbe parmi les blés, surtout en râpant les raies, entre les billons, et ce que l'on peut d'autre place.

L'expérience de l'avancement donne lieu à des essais qui peuvent devenir convenables, tel qu'ici par moyen de ratissage, faire essai dans des terres de faible végétation, à ne mettre de semences que ce que la terre peut en nourrir, telle que moitié de ce que l'on met d'habitude. Pour le semer, il faut que la terre soit à plat, et que la charrue à oreille à relever, la couvre, en formant des billons qui réunissent la semence et la surface de la terre de 15 à 18 pouces de largeur formant le dos des billons, la raie cavée se trouve d'environ 15 pouces sans avoir de blé ; ensuite quand le temps du nettoyage de l'herbe et le mois de mars est arrivé, il faut un second essai avec une ratissoire très légère, mais large de près d'un pied et presque à angle droit, comme celle dont les cantonniers se servent ; il faut râper la surface de ces raies peu profondes, en la remontant et la répandant sur le blé, qui couvre le dos des billons; l'herbe se trouve nettoyée et le blé rechaussé par cette surface, que l'hiver a bonifié, et qu'il fera fortifier et multiplier de tiges naissantes et vigoureuses ; mais si on ne récolte ni plus ni moins, cette moitié de semence peut bien payer le travail cité ; l'expérience parlera.

Pour l'aide des plantes humides, on pourrait admettre les bœufs pour le labourage, en des pays où ils ne sont pas ; il en résulterait une plus grande quantité de viande, car l'Agriculture ne doit pas fournir que le pain, elle pourvoit presqu'à tout genre de choses nécessaires sauf en quantité.

En quelques endroits, on devrait faire essai d'avoir assez de bêtes à cornes pour faire manger toutes les pailles et chaumes qu'il faudrait s'appliquer à ramasser sainement, et séparer la mauvaise ; il faudrait leur donner peu de bon, mais à heures fixes, pour qu'ils n'en attendent plus que la nourriture grossière et fade ; mais il faut encore leur donner peu et souvent, pour qu'ils mangent mieux et profitent au moins en charpente; il faut pour cela les gens les plus soigneux et qui sachent maintenir leur appétit par les soins attentifs qu'ils y mettent.

Dans la ferme il faudrait pour cela les mettre à deux tables, en choisir et élever les plus voraces, qu'on habituerait à vivre du rebut des autres, sauf du chaume; si on les sort , ne les mener que dans les plus mauvais pâtis où dans les bois, mais prévenir le trop de dépérissement.

On pourrait les élever ainsi jusqu'à l'âge de deux ans et plus , après quoi il faudrait les mettre peu à peu à meilleure nourriture, pour en tirer parti par vente ou service.

Si de cette manière on réussissait à leur faire manger paille et chaume, il faudrait encore leur faire subir une autre sévérité , qui est de coucher sur la dure , comme ci-devant ; il faudrait faire essai d'une place en bois, ou le carrelage en pierre dure et polie , ou en une énorme épaisseur de carreau cuit exprès , ou des espèces de marnes et de terres, qui le tiennent ferme, moyennant la pente qu'on entretient ; la chaux et le sable dur vieilli pourraient tenir sur un lit solide de pierre tendre ; à un essai proposé, tout autre peut donner mieux.

Il faudrait une pente et un lieu où tomberait l'égout des écuries , et avec une pelle en bois enlever les restes.

L'état de ces lits serait toujours le même , leur habitude s'y formerait. Pour les porcs, dès qu'ils ont un peu de force, ils n'en seraient pas pires leur croissance vient de ce qu'ils mangent.

Sans essayer beaucoup ce qui vient d'être dit, quand on se trouve avoir beaucoup de bêtes à nourrir, il faut mêler un très peu de foin à presque toutes les bonnes pailles.

Si on n'a pas de foin des dernières coupes , il faut en mettre de sec des premières ; si on craint qu'il se brise ou s'effeuille , il faut l'arroser un peu légèrement en le changeant de place avant de s'en servir , cela le ramollit.

Ce très peu de foin de n'importe quel genre, empêche que les souris ne s'y introduisent , et ne détériorent la paille.

Pour la conservation des foins et tout autre fourrage que l'on considère, en barge, dehors, il faut d'abord que les tas soient bien faits et élevés droits , jusqu'à la hauteur où commence le rétrécissement qui les termine au sommet, et sans l'avoir vu faire , entreprendre de le couvrir de la naissance du cintre au sommet ; pour cela il faut avoir de la grande paille de blé , battue sur des barriques ou autrement; il faut en former une quantité de poignées, leur liant la tête sous l'épi , se servant de petits osiers ou de brins de paille mouillée.

On dit que dans les pays où on couvre le blé, on noue les poignées; pour couvrir cette barge prolongée de fourrages, il faut de petits piquets faits de minces baguettes préparées d'avance, et un sert les poignées de pailles et baguettes à celui qui commence étant dans l'échelle, soulevant d'une main le fourrage , et de l'autre y introduisant la tête de la poignée qui pourrait ne pas être solide si on ne fichait d'aplomb un petit piquet sous la liure de la poignée ; on forme un rang après l'autre, faisant étaler le gros de la poignée , chaque rang doit être placé au moins un demi-mètre au-dessus de l'autre , et même plus quand la paille est

2

longue , car il suffit qu'elle couvre d'un tiers sur l'autre , pour que l'eau y coule comme sur l'ardoise. De cette manière , j'ai vu des meules de foin se conserver deux ans sans la moindre perte ; cette précaution coûte si peu , que l'on devrait couvrir même les chaumes quand ils doivent servir de pâture.

Ce mélange maigre dont il est question de faire en quantité , peut être consommé de deux manières. On prendrait de la paille coupée au hache-paille, de deux à trois pouces de longueur, et mêlée ensuite avec des hachis de racines taillées très-minces, telles que les coupent les machines qu'on peut se procurer pour cela. On mettrait ce hachis de paille où il se trouve un peu de foin, par couches , dans un tonneau , entre de légères couches de ces hachis de betteraves, carottes et pommes de terre ; la paille s'amollit et s'empreint du goût des racines , et leur fait des repas bien conditionnés et nourrissants.

Dans tous les pays il y a des gens appliqués qui raisonnent le soin et la règle qu'il faut pour l'entretien de leurs bestiaux , et les maintiennent en bon état quoique mettant de l'économie ; d'autres qui les ont presque toujours maigres quoique les nourrissant avec plus de frais ; ce qu'on peut leur conseiller de bien , c'est de l'application exacte et l'examen de ceux qui font mieux.

Tous les pays et climats n'offrent pas les mêmes avantages pour les nourrir et les engraisser ; cependant, par quelques variations de ce qui se trouve dans une ferme et chez des cultivateurs, il peut et doit pouvoir s'en engraisser quelques-uns , mais il faut une grande assiduité de soins fréquents. Les visiteurs pourvus des expériences qui se font partout , pourront donner des règles plus claires et plus avantageuses étant conformes à chaque pays , tels que les hachis de paille joints aux racines cuites et bouillies ensemble , qui parfois excitent beaucoup l'engrais.

Pour les fumiers de quelques écuries sans litière , on ramasserait tout également, mais ils paraîtraient moins gros , il faudrait les mettre à couvert , et y mêler à mesure des terres sèches ; y mettre un peu de liquide de l'égout de l'écurie, et le reste sur les autres fumiers.

Mais en attendant que l'on admette un peu ce genre, il faut au moins ne pas laisser perdre , et tirer le plus d'engrais possible des écuries de tous les animaux, car tous connaissent qu'on n'en a jamais assez. Le meilleur moyen serait de carreler les écuries en pierre et chaux bien appliquée, à plus d'un pied de profondeur, et également en enduire le bas des murs, pour que le liquide n'y pénètre pas , et regarnir jusqu'au niveau habituel avec des terres ou marnes très-sèches que l'on tient en provision tout exprès. Cette terre absorbe et s'empreint de l'engrais liquide qui l'humecte pendant quelques mois , après quoi on la retire à l'exception de celle qui n'est pas humectée que l'on rabat dans la place vide , puis l'on complète ce qu'il faut avec de nouvelles terres bien sèches ; pour cela, on se sert de marne , de sable calcaire , et de toute terre de sous-sol un peu poreuse. Les argiles et terres trop gluantes ne conviennent pas pour mettre dans les écuries ; on continue à ramasser ces terreaux que l'on peut répandre dans les champs prêts à labourer , on en met aussi sur les fumiers à mesure qu'on les grossit, on en met aussi des provisions à couvert pour la semence des orges et autres grains de printemps. Tous les cultivateurs devraient être avares de cet engrais comme d'un fort supplément de fertilité.

Dans les grandes villes on doit un peu penser à l'agriculture ; on sait que pour préserver l'appauvrissement des terres il faut qu'elles ne perdent que le moins possible de ce qu'elles produisent, il ne suffit pas au sol de lui rendre la paille. Ainsi, au lieu de laisser infecter le dessous des écuries d'où les évaporations ne peuvent être que nuisibles à la santé des hommes et des chevaux, il faudrait pour prévenir cela, que sous le pavage des écuries il y eût un fort lit de chaux hydraulique mêlé de cailloux broyés, afin qu'aucune humidité ne puisse y entrer et que le ruisseau l'éloigne vers l'égout d'où l'on tire de quoi humecter entièrement les fumiers, qui seront plus estimés ; mais pour le surplus de ces égouts, si les cultivateurs n'en veulent pas pour leurs champs ni leurs prairies, il serait utile que l'administration de la ville fasse faire un trou recouvert entre les distances de chaque arbre des boulevards, pour pouvoir y verser une barrique à la fois ; les racines auraient bientôt purifié et absorbé le tout, et les arbres s'embelliraient à la perte des champs, où il est plus désirable de les voir conduire au loin, afin de diminuer le plus possible tout ce qui peut, même dans le sol qui ne nourrit pas, produire des exhalaisons de vapeurs qui affaiblissent la pureté sanitaire de l'air en l'infectant.

Mais ce que la ville devrait éloigner d'elle le plus promptement possible, c'est le contenu des lieux d'aisances de toutes les maisons ; il faudrait qu'il y eût des barriques de réforme liées en fer qui seraient placées sous le siége, en entonnoir couvrable, et sans rien perdre, même pas les urines ni odeurs, on les livrerait à des gens qui les conduiraient loin dans la plaine, sur quelque côte ou éminence marneuse, ou terre intérieure propre à faire des terreaux. Là, ces acquéreurs de barriques à large bonde, auraient de grandes voûtes comme citernes, bien enduites de chaux, pour n'en rien perdre, et dans leur longueur, plusieurs ouvertures au sommet.

Et du côté élevé de la côte, une terrasse presqu'au niveau et une ornière en fer pour ménager la solidité, de manière que les charrettes parviennent jusqu'à l'endroit où on les décharge.

Il y aurait près de là de grands hangars où on tiendrait en provision des terres extrêmement sèches, qui serviraient à couvrir abondamment ces vidanges à mesure qu'on en mettrait, et recouvrant les ouvertures afin que les terres sèches absorbent jusqu'à l'odeur.

Le tout étant suffisamment asséché pour ne pas suinter ; il y aurait une porte à un bout, pour y reculer les charrettes et sortir ces terreaux, pour être vendus aux cultivateurs qui connaîtraient la puissance de ces précieux amendements, qui causeraient bien des fois plus de végétation que le peu de poudrette brûlante qui s'obtient par le mauvais usage habituel. Ils reconduiraient ces barriques après avoir lavé l'intérieur avec la chaîne à barrique, et l'extérieur au balai.

Dans les petites villes entourées de cultivateurs, il faudrait des citernes bien enduites de chaux, un peu élevées, très-larges au fond, étroites à la surface, et au moins six pieds d'ouverture, où seraient placées deux planches sur deux bois laissant un intervalle entr'elles, siége au bout, le tout pouvant se lever pour vider les lieux d'aisances; chaque maison pourrait vendre le produit de l'année à quelqu'un qui aurait l'avantage d'y mettre une couche de terreau au moins tous les mois.

On devrait aussi utiliser les vieilles carrières abandonnées, pour y former des terriers qu'on y mettrait s'améliorer et se salpêtrer, comme dans bien des caves.

Mais on dit qu'il faut de l'air ou un courant d'air; il faudrait en établir par de grandes ouvertures opposées et avoir recours à l'expérience et aux moyens que la science peut connaître et indiquer, afin de faire salpêtrer les terres qu'on y mettrait et les sables qui y existent, qui par le salpêtre prennent tant de forces, pour faire pousser l'orge et autre chose.

Dans les petites villes et communes agricoles, il serait bon d'avoir une salle publique attenante à la demeure de quelqu'un qui en serait concierge, pour le service de ces communes; chacun pourrait poser ou donner à poser des annonces ou affiches, et faire connaître ce qu'il désire vendre en n'importe quelle chose qui puisse convenir à quelqu'autre du pays ; de même aussi, celui qui a des travaux à faire faire au marchandage ou à la journée, de même aussi les travailleurs peuvent s'annoncer disponibles, ainsi que ceux d'autres lieux qui se rendent à cette salle pour savoir de suite à qui s'adresser ; les laboureurs dont l'ouvrage est avancé peuvent aussi offrir leurs services pour charrois et labours : cela peut faciliter chez les cultivateurs des entreprises bien utiles qui ne se feraient pas.

Cet établissement pourrait avoir bien des utilités, surtout pour relever de vigueur des travaux qui marcheraient d'une manière plus assurée pour les maîtres et ceux qu'ils emploient.

Les gens qui étudient les sciences sont d'accord à croire que la quantité des arbres en outre de l'adoucissement qu'ils causent à la rigueur de l'air, le purifie aussi de ce qu'il y a en lui de malfaisant, en absorbant, par le dessous des feuilles, ce que l'air a de plus malsain et de putride, et c'est pendant la nuit que l'arbre aspire par ses feuilles les choses qui lui forment une partie de sa nourriture qui se répand en lui par la sève descendante.

Les racines, de leur côté, fouillent dans le sol et se nourrissent de préférence de ce qu'il y a de plus infect et de pourri parmi la terre ; c'est ce qui forme sa sève montante pendant le jour.

Ils finissent par dire que ce même effet dans l'air

le rend plus salutaire à la respiration , à la santé et à la vie qui auraient peine à se maintenir, tant que la contagion de l'air lui serait défavorable.

Cela doit engager à augmenter le nombre des arbres surtout autour des communes, afin d'en augmenter la salubrité, sur tous les chemins et routes qui passent dans les bourgs; il faut au moins mettre deux rangs d'arbres d'un demi-kilomètre de longueur de chaque côté, mettant de ce qui peut le mieux convenir et devenir volumineux.

Dans les terres arides et sèches, le marronnier d'Inde, le tilleul argenté, le vernis du Japon et les ormeaux.

Dans les terres basses très-fraîches, les trembles, les platanes, peupliers suisses, en terre ordinaire l'ormeau ; en outre de cela les particuliers doivent planter des arbres fruitiers tels que des pommiers, pruniers, amandiers, et cerisiers dans les endroits où ils viennent le mieux et ne pas oublier le châtaignier, qui aussi fait vivre par son fruit.

En pays vignoble, je vois un homme pratiquer un moyen qui serait plus précieux à appliquer dans les pays plus froids, pour sauver le raisin.

Il n'avait de terre qu'en bas fonds qu'il reconnaissait lui-même des plus assujettis aux gelées de printemps ; il y planta de la vigne avec la confiance de l'en préserver ; il planta les rangs du levant au couchant et y mit les plants de trois ou quatre pieds de distance sur la ligne; les rangs sont d'environ cinq pieds les uns des autres.

Depuis longtemps que sa vigne est forte, il met au sortir de l'hiver, toute la surface des entre-rangs en gros billon en dos, et les souches de vigne sont maintenant très-basses dans ces raies basses.

Vers le printemps que la sève monte dans le bois, il abaisse dans le bas de la raie les trois longs bois dits courances qu'en taillant il a laissés à la longueur d'un mètre.

Et pour préserver la gelée voici ce qu'il fait : il couche les échalas ou tuteurs qu'il fait traverser d'un billon à l'autre, les appuyant un peu plus bas que le sommet et chaque fois qu'il voit la température menacer à la gelée il couvre de longue paille toute la longueur des rangs par cette paille suspendue sur les échalas, et l'enlève quand le temps est radouci, et quandl e froid menace de nouveau il recommence à les couvrir, et quelquefois malgré que les bourgeons soient longs il les laisse couverts pendant quinze jours si le froid dure, mais aussitôt qu'il fait doux il leur donne de l'air et continue ainsi à les protéger jusqu'à la fin de mai, après quoi il rabat un peu la terre du billon en la cultivant et aussi il étend les trois courances de chaque pied de vigne, une dans la ligne du rang et les deux autres de chaque côté qu'il attache au pied des échalas ou appuie à terre, mais quand la végétation est grandement lancée, il relève, aux échalas seulement, les quatre jeunes brins partant de la souche qu'il destine à faire les trois courances de l'année suivante.

Il a planté cette vigne de l'espèce la plus productive

2.

qu'en Anjou on appelle à juste titre vigne d'abondance. Aussi il récolte considérablement de vin en peu de terre ; c'est une variété de rouge dont le raisin est très-gros et bon, le vin n'en est pas capiteux, mais assez agréable et sain, et convenable pour la consommation des travailleurs en le mêlant d'eau ; aussi il s'en fait beaucoup sur les mauvaises terres où il produit encore beaucoup sans geler plus-que d'autre vigne ; il est des plus précoces et cela donne à croire que dans les lignes où le pays commence à être trop froid pour les bourgeons de la vigne, cette variété pourrait au moins y mûrir ; il suffirait de les couvrir naissant, chose que l'on pourrait aussi pratiquer pour l'augmentation des raisins de table.

Pour ne faire que peu il ne faut pas s'occuper de pressoir ; le raisin mûr on le met dans une grande tonne ou dans des barriques debout, même sans l'égrapper si l'on veut, et avec un bois debout on le foule tous les jours sans y manquer, pour le renfoncer dans le jus afin qu'il ne prenne pas d'aigre, et après huit à douze jours, on le tire en le foulant, et de suite on y remet de l'eau pour faire de forte boisson dont on tire la première et on en remet d'autre, mais il faut contenir le marc pour qu'il ne monte pas au-dessus du liquide. Comme dès le commencement on peut y contenir le raisin pour n'être pas obligé de le fouler.

Il y a des pays où par habitude générale les femmes ne travaillent pas assez à l'agriculture même pour l'intérêt de leur santé, et d'autres pays où elles ne travaillent que trop, mais surtout trop péniblement. Sans entrer on d'autres détails, quoiqu'elles coupent et battent les blés avec les hommes, on peut citer que c'est aux soins de leurs vaches dont elles se font mercenaires de soins par leur intrépide zèle à ramasser tant d'herbe pour les nourrir, ainsi que les feuillages de choux, betterave et autre nouriture verte que souvent de très loin elles transportent sur leurs dos et d'une pesanteur que les hommes se feraient affre de s'en charger ; souvent leurs vaches qui ont bien mangé pendant qu'elles ont fait leur charge s'en reviennent tranquilles devant leurs maîtresses, qui portent des fardeaux auxquels malgré leur courage elles ne peuvent encore suffire comme elles le désirent, tant elles tiennent à les entretenir grasses et bonnes laitières. Mais pourquoi donc que pour un animal si fort et si docile on ne forme pas un léger et simple attelage et une très légère carriole qui en tant d'occasions ménagerait ces laborieuses femmes ? En voici un plan d'une entière simplicité ; s'il ne convient pas, au moins qu'il fasse penser à faire mieux.

D'abord, pour l'attelage d'une vache, que le milieu d'une corde lui soit posé sur le front, que les deux bouts de cette corde soient de longueur à être accrochés à la carriole dont on va parler, que l'endroit de la corde portant au front soit garni de chiffons et couvert en cuir, ou même roulé d'un morceau de vieux chapeau, pour empêcher que la corde ne fasse du mal, et cela lié de ficelles aux deux cornes pour le maintenir, qu'en arrière un bois de traits empêche les cordes de serrer les flancs de l'animal, qui avec cela, sans aucun doute, peut employer toute sa force entière.

Que la carriole soit simple et commode pour le charroi de plusieurs choses, que roues, bois et fer forment un tout aussi léger que possible pour mener et porter trois à quatre cents kilogrammes, que les roues soient basses, mais il en faut nécessairement trois, et une petite mécanique pour retenir aux descentes ; avec ce petit équipage facile et commode, les femmes peuvent hardiment mettre pesant une barrique de vin et s'asseoir dessus pour se rendre, et encore prendre la charge de leurs amies ; par ce moyen, il peut se faire bien de petits transports, tels que rendre des fruits, des pommes de terre, des racines, et en y allant y conduire quelque peu de fumier, et enfin tout le service possible.

Dans la suite il est possible que la destruction de chaque espèce d'herbes nuisibles soit étudiée et poursuivie. Voici un conseil à mettre en essai contre les petites ronces, dites fromentaux, qui en beaucoup d'endroits poussent abondamment dans de bonnes terres à froment.

Il faut commencer sitôt après la moisson à les couper bas en terre avec une forte pioche, et recommencer plus tard s'il en repousse, afin que leurs racines commencent à se fatiguer, n'ayant plus de communication avec l'air par aucunes tiges, et l'année suivante, si le champ est en plante cultivée ou jachère, il faut en profiter pour tâcher de les détruire en les coupant bas à mesure qu'elles sortent de terre ; par cette exac-

titude d'y parcourir au moins tous les quinze jours,
afin que les nouveaux bourgeons naissants n'aient pas
le temps de ranimer les racines défaillantes, et ainsi
jusqu'au mois d'octobre, détruire jusqu'au moindre
bourgeon qui prend jour, et après l'hiver, si le tout
n'est pas mort, le peu qui repousse n'aura pas la force
de nuire au blé cette année-là; mais il ne faut pas encore
être satisfait avant d'avoir détruit les plus chétifs restes
qui pourraient se ranimer et multiplier, il faut plusieurs
fois les chercher parmi les champs ensemencés de céréales, les tirer de terre, et quand on ne peut, les couper
avec le coupe-asperge, et le reste, s'il en paraît après
l'enlèvement de la moisson.

Mais si on n'a rien négligé pendant ces deux années,
les racines doivent être achevées de pourrir, car la cor-
respondance de la sève montante et descendante étant
interrompue pendant un temps si long, tant vivaces soient
les racines dans la profondeur et l'étendue, elles doivent succomber en moins de temps.

Ensuite, pour entretenir l'absence de ces ronces, il
n'y a pas beaucoup de travail à faire, mais y passer,
chercher et apercevoir jusqu'aux plus petites que peuvent
semer les oiseaux qui mangent leurs fruits, elles sont
faciles à arracher. Il est à croire que tout genre de
plantes vivaces peut s'affaiblir et se détruire, en
coupant et retranchant assez souvent les tiges à quelques pouces en terre, à l'exception du vrai chiendent,
qui aspire l'air de la terre, car la plupart de ses tiges
y croissent intérieurement, horizontales et pivotantes
aussi; à moins de l'arracher entièrement, il pousse
toujours un peu; c'est pour cela qu'il est dangereux

d'en enfouir des parcelles quand on défonce profondément.

Quand on travaille à le détruire, on y réussit entièrement ; mais il faut surveiller l'entretien de son absence,
car il revient de graines.

A l'homme qui a beaucoup et assidûment travaillé,
le repos complet n'est pas un bonheur, pour l'ordinaire, son tempérament ne s'y conforme pas très
bien.

Sur le déclin de l'âge et des forces, il vaut quelquefois mieux se reposer en travaillant un peu à ce qui est
le moins pénible, en agissant plus lentement, avec
moins d'assiduité et de temps, et en se démettant aussi
du trop d'affaires qui cesse de plaire ; dans cette proportion et mesure, la prolongation de la santé est plus
assurée.

Le journalier, après l'emploi si précieux de ses
forces un peu usées par le temps et les travaux, n'a
souvent pas la douce satisfaction de pouvoir choisir lui-
même le soulagement dont il éprouve le besoin. Souvent il augmente ses fatigues qu'il ne prolonge que trop
dans la crainte d'être déconsidéré et laissé.

A cela, ceux qui les emploient ou peuvent les employer peuvent réfléchir et reconnaître que sans trahir
leurs intérêts, pour même y être plus attentifs, ils
trouveraient un choix de travaux moins pénibles dont
ils renouvelleraient même la liste pour être toujours
prêts à entretenir ces braves vétérans de culture, qui
avec facilité et bonheur perfectionneraient les réussites

de la végétation ; s'il y a peu d'avantage, il doit y avoir
contentement d'honorer et se rendre utile aux anciens,
dans et suivant la proportion de leur affaiblissement.

Quand on manque de temps pour faire ce que l'on
désire, on peut au moins ne pas laisser grandir l'herbe
parmi les légumes des jardins, en leur donnant de
petits binages et ratissages, sur les haricots, pommes
de terre, et autres plantes que l'on a dans les jardins
et vergers, également râper les places non ensemen-
cées afin que les arbres prospèrent mieux et produisent
de meilleurs fruits, et avec la même application, faire
servir la légère ratissoire parmi toutes les plantes cultivables qui sont dans les champs, afin que la propreté
maintienne de la fraîcheur, et que les plantes en
profitent seules ; il faut aussi couper les chardons et
herbes vivaces, aussitôt qu'ils paraissent dans les
labours des guérets, afin de les affaiblir, surtout vers
l'été et l'automne.

Pour réussir à faire de bons prés artificiels, la première utilité est que la terre soit propre de toutes
herbes, le bon moyen pour cela dans les terres praticables, est de la verser pendant qu'elle est sèche,
après la moisson précédente, ou tout remuer par
d'autres labours, repasser les labours et les mettre en
billons pour passer l'hiver. Le petit éternou vivace que
l'hiver ne détruit pas, est en beaucoup de bonnes terres
l'ennemi et le destructeur des luzernes ; dans le temps,
avant de semer les prés, il faut parcourir avec un
outil à la main pour trier tout ce qui peut s'en trouver,

le sortir du champ , et voir encore après si la charrue n'en a pas découvert de vivant.

Aussi au printemps , quand le pré est levé , il faut y passer plusieurs fois pour détruire celui qui lève et le peu qui aurait resté ou sorti de terre ; il est facile de le reconnaître par ses filets fins et rampants qui poussent en tous sens avec promptitude et vigueur, et qui prennent racine sur terre à mesure qu'il prolonge son développement , mais pendant que cette croissance est jeune , avec une pioche étroite on arrache le pied principal et tous ses fibres se soulèvent en brisant leurs racines naissantes ; ainsi, petit ou grand on ramasse tout , puis on l'enlève hors du pré ; il faut y revenir plusieurs fois , même après la coupe du foin et grain , qui est parmi , une fois à l'automne, et une dernière fois au mois de mars suivant ; tant mieux quand on en trouve peu , après quoi le pré prend sa force naturelle et ne risque plus d'être dévoré par cette fourmillière végétale, qui, quoique ne s'élevant pas, s'épaissit plus que l'herbe des prés naturels , diminue d'un tiers la récolte de la luzerne et en abrége la durée ; après la coupe on peut encore y voir et le soulever à la pioche , quoiqu'il n'ait plus la même disposition à s'étendre comme la première année. Ce soin mis en œuvre peut mettre fin à toutes les plaintes portées contre ce petit bourreau des luzernes.

Au dommage des céréales il existe en ce pays une herbe annuelle que l'on nomme *jotte*, et dans d'autres qu'on nomme *sangle;* elle ressemble beaucoup à la moutarde , elle fleurit et graine plus que le navet;

par là, elle se trouve si multipliée, surtout dans les bas fonds des terres et de leurs environs, que souvent dès qu'elle lève elle masque le sol, et qu'étant en fleur parmi les céréales de printemps qui ne la dominent pas encore, de loin et de près les champs paraissent comme un tapis de jaune éclatant, car où elle se trouve plus claire, elle devient plus grande et plus branchue ; sa graine se conserve en terre plusieurs années, un an de plantes cultivées ou de jachères ne suffit pas à la détruire ; elle lève en toute saison et pousse parmi les froments, elle devient grande et nuisible quoiqu'elle sèche avant le blé.

Le seul moyen praticable pour la détruire est de faire passer un morceau de terre en pré artificiel, et après sa durée, lorsqu'il est rompu et remis en blé, il s'en trouve ordinairement très-peu ; c'est là qu'il faut s'attacher à arracher chaque année le peu qui se trouve parmi les ensemencés, et y revenir dans l'année plusieurs fois, le reste quand elle est en fleur, ce qui la fait apercevoir plus facilement. Ce petit travail de peu de temps en évite un grand, car le peu qui resterait fournirait beaucoup de ses graines pour les années suivantes, et la négligence d'une année suffirait pour être obligé d'y renoncer.

Quand le ratissage des raies sera pratiqué, dès les premières années cela détruira plus des trois-quarts des graines pour les années suivantes, et progressivement donnera une grande facilité pour en détruire beaucoup d'espèces. Les labours versés profondément, le défonçage fait à bras, et la surface où sont les graines étant enfouie en dessous, les détruisent en grande partie.

Je ne sais si l'herbe appelée *maroute* dans ce pays, est connue en beaucoup d'autres, elle pousse dans les meilleures terres basses et humides ; son feuillage plus fin que celui de la carotte ressemble au fenouil, sa fleur est celle de la pâquerette, son odeur et celle de la plante est très-forte et non agréable ; dans quelques terres elle se trouve à profusion, mais je connais un morceau de petite vallée qui autrefois était baigné par les eaux et qui fut autrefois un peu assaini par un ruisseau formé ; cette portion de terre dépendait d'une grosse ferme, mais le fermier ne l'estimait guère, jugeant sa valeur par ses récoltes étouffées par la maroute qui s'y élevait à un demi-mètre, formant un tapis serré de ses branches entrelacées tellement vigoureuses, que les autres herbes en étaient détruites : enfin il ne se trouvait que de rares années, peut-être, défavorables à cette semence où elle se trouvait moins nombreuse et procurait quelques moyens de réussite en blé.

Cette portion qui contient vingt hectares fut détachée de la grosse ferme et louée à un homme qui s'y prit d'une autre manière. Il changea avec autorisation la direction des grands fossés par des nouveaux plus réguliers, et en forma de plus petits qu'il jugea utiles. En quelques années, il fit défoncer cette terre, presque le tout à un pied de profondeur et plus, et autre part fit beaucoup de plantes différentes qu'on peut cultiver et cercler pour détruire cette pernicieuse espèce d'herbe ; sa tâche et ses soins ont tellement réussi à la détruire, que parmi ses blés on ne voit plus du tout de cette herbe, et que cette terre appropriée montre aujourd'hui tant de richesses que souvent il met blés sur blés, après des masses de racines et haricots, qui ont précédé au lieu de jachère. Ces blés sont d'une beauté et perfection accomplie ; cela prouve que les terres qui ont la force de pousser beaucoup de mauvaises plantes, sont par le travail capables d'en pousser encore davantage dans les bonnes.

L'ancien et vieux fermier était tenu comme bon cultivateur, mais il s'en tenait aux usages, peut-être ne pouvait-il mieux par cause de trop d'entreprises. Ce n'est pas toujours un malheur que l'intelligence et l'activité aient leurs bornes, cela facilitera des emplois d'entreprises à un plus grand nombre.

L'ensemble multiplié de tant de petites variations d'herbes qui poussent dans les champs sont beaucoup plus épuisantes pour la terre qu'elles n'ont de volume ; que ceux qui ne l'ont pas remarqué en bien des occasions différentes, le remarquent par le trèfle incarnat ; quand la la pluie le fait lever en août ou assez tôt il se fortifie avant l'hiver. Au printemps, il s'élève vigoureux et d'une si grande épaisseur, que dès le commencement l'herbe a péri en levant, n'y trouvant pas sa place. Ce trèfle produit une pesante coupe de fourrage ; cette coupe étant belle, le blé qui suit sera beau aussi.

Si le trèfle a mal levé ou levé trop tard, il se trouve au printemps très-clair parmi une fourmillière de petites herbes qui végètent et fleurissent, mais sans produire bien du fourrage ; car la coupe de ce mélange de trèfles est bien chétive, la terre en totalité produit plus de moitié moins de pesanteur, et est plus d'une fois plus épuisée ; car le blé qui suit y est toujours chétif quand la coupe de trèfle l'est.

Cela prouve l'épuisement de ces herbes naturelles aux terres dans la proportion de leur volume, et fait apercevoir l'intérêt qu'il y aurait à les détruire parmi les céréales. Mais tout ne peut se détruire faute de nombre de bras, mais il faut s'employer à l'affaiblir. D'abord, une loi d'intérêt réciproque devrait, sous peine d'amende, empêcher qu'on ne laissât grener de chardons, que le vent disperse et répand dans le voisinage, et faire l'essai de les détruire sur une ferme arrondie.

Les landes défrichées conviennent à des cultivateurs qui en prennent quelques morceaux pour augmenter le nombre de leur culture, et mettre les choses qui pourront le mieux y réussir avec soin et engrais; mais il ne serait pas bon d'y bâtir une ferme avant de connaître ce que serait la terre après plus de dix ans de culture, ce serait s'aventurer ainsi que le fermier qui s'y fixerait.

Car, sans avoir été lande, si toute la terre est mauvaise, toute l'étendue produira peu. Mais si la partie mauvaise ne forme que le tiers du tout, les trois parties ne s'entr'égalent pas en produits, mais peuvent toutes les trois produire avantageusement. Car le fermier l'utilise à profit, et elle reçoit plus de fumier qu'elle n'en produit pour sa part. C'est pourquoi, même un peu au loin, si ces landes pouvaient s'affermer à des cultiva-

teurs par grands morceaux, et au bout de dix ans con-
naissant bien la terre, on peut poser des projets plus
assurés. Voici un moyen d'expérimenter ce qu'il est utile
de connaître avant d'entreprendre trop en grand.

Sur une étendue de landes appartenant à une commune ou à un propriétaire qui le désire, il faut, d'après
une ligne jalonnée qui en traverse l'étendue ou en partie,
défricher une largeur de trente mètres, si le tout est
assez long pour former six petits champs de longueur
convenable au labourage ; il faut les séparer par cinq
petits carrés de trente mètres, sur lesquels, après avoir
labouré convenablement, on plante des arbres plus
que moins par petits compartiments, et tout ce que l'on
croit qui convienne et puisse y venir. Mais à l'exception
d'un peu de grand, il faut mettre des plants et les cultiver pendant quelques années comme une vigne et
même mettre un peu de cette dernière, et que les
champs de cette ligne soient affermés pour ce que l'on
trouvera, mais aux conditions qu'il y cultive ce qu'il
désire, mais toujours bien et pour dix ans et fumant
pour les blés.

Ainsi, sans qu'il en coûte bien, au bout de dix ans
on voit ce que vaut la terre défrichée, tant pour la culture que pour les arbres différents, où on n'oublirait pas
de semer un peu de pins maritimes en outre des autres
variétés qui se plantent ; il faut aussi mettre un peu d'o-
sier gris qui produirait chaque année et donnerait plus
que les landes. Pourvu qu'il y ait un peu d'avantage à
défricher les landes, cela ferait plus d'honneur au
pays qui y commencerait des transports bonifiant.

Dans les champs , la culture ordinaire faite à bras n'est guère profitable, il vaut mieux louer ses journées et prendre du travail au marchandage, à tâche, pour ne faire de pénible que ce que la charrue ne peut, et aussi prendre le laboureur pour soi , quand on a bêché pour lui ses vignes et vergers.

Le bon engrais est avantageux, mais l'excès continuel sur les mêmes champs est préjudiciable aux autres terres, et en outre forme plus d'excitant et d'humus que l'emplacement et la fraîcheur du sol ne peuvent produire proportionnellement en récoltes accomplies. On voit des maîtres de postes et des marchands de chevaux qui, sans préjudicier à leurs récoltes, pourraient vendre la moitié de leurs immenses fumiers; ils y auraient de l'avantage en favorisant les blés de leurs voisins.

Pour l'accroissement du produit des champs, on peut encore citer un obstacle en citant ce qu'il faudrait pour y remédier promptement.

Dans les communes, il reste des chemins qui de long-temps ne peuvent être raccommodés à l'état parfait et pavés ; il serait bien utile qu'en attendant , les petites villes et autres communes reçussent l'ordre direct de remédier un peu par quelques travaux à les rendre au moins praticables depuis la récolte jusqu'aux semailles des blés , seulement dans les endroits où ils sont les plus mauvais , refaire les fossés et bomber fortement le milieu des chemins , afin que l'eau des fortes pluies s'en éloigne au lieu de couler dans les vieilles cavitées qui existent actuellement au milieu de ces chemins , car l'eau se rendant dans le fond de ces terres en forme des bourbiers, avant que la terre des champs ne soit bien trempée ; cela exige des frais dispendieux pour mener moitié charges , chose pénible pour conduire les fumiers et pour rendre les fruits pesants, qui se font sur les terres , au lieu qu'en y remédiant un peu , tout irait bien.

Dans chaque pays on devrait examiner les dommages que l'on éprouve par les animaux nuisibles , afin de les condamner ou les absoudre.

Celui qui est le plus dangereux de tous pour tous les végétaux est un insecte , le turc ou ver blanc , larve du hanneton ; partout où il s'en trouve , ils produisent leurs ravages , ils sont grands mangeurs , ils coupent les racines des plantes tendres, rongent l'écorce des autres et aussi celles des racines d'arbres, d'où s'en suit le ralentissement de leur croissance , quelquefois le dépérissement dont ils ne se relèvent jamais , chose que trop souvent on voit telle sans en chercher la cause; ils font périr quelqu'un des plus jeunes , c'est le seul point où on les accuse , mais pour d'autres, même vieux, le défaut de santé et de fructification ne frappe pas l'œil, parce que c'est une chose qui est ordinaire, un peu variée comme leurs dommages.

Dans les contrées et lieux où on connaît qu'il y a beaucoup de turcs, s'il y a des pommiers, poiriers, cerisiers et des châtaigniers, qu'on ait la curiosité d'arracher à chacun une mince ou longue racine , on verra les ravages et ulcères qu'ils produisent , qui sont un venin pour les végétaux qui en sont atteints.

Tous les trois ans, cet insecte sort de terre en hanneton , vole sur les arbres et dévore les feuilles, au point que l'arbre profite peu du soulagement des racines.

Les châtaigniers, dans les terres maigres où ils pousseraient si bien, ont tour à tour leurs racines et feuilles dévorées , les arbres fruitiers souvent par cette cause cessent de produire et de pousser ; les châtaigneraies à cercles, les bois , la végétation entière nous fournit en moins tout le dommage qu'elle éprouve, par la consommation qu'ils fournissent à cette vermine d'insecte qui les rebute.

Dans les pays où il se trouve beaucoup de vers blancs, sur les froments et sur toutes les céréales , ils causent beaucoup de pertes , surtout dans les contrées des arbres , des bois et terres douces ; mais quand le dommage n'est que d'un dixième, il ne s'aperçoit pas sans y mettre une attention bien appliquée, mais quelquefois il paraît fortement et sans le chercher , sur une grande étendue. — Un petit dommage est toujours considérable.

On a vu des années où ces insectes ont détruit en des places immenses toute l'herbe des prés naturels, parce que leur nombre était assez grand pour manger tout ; s'il y avait eu les trois quarts en moins de ces animaux , la plupart des gens passant sur le pré n'en auraient rien aperçu ni soupçonné, et pourtant le dommage d'un quart aurait été éprouvé ; le mal n'en est pas plus apparent sur les céréales, quand elles jaunissent plus ou moins, naturellement le plus beau cache le malade parmi les légumes des jardins, les plus forts éprouvent des dommages, mais on ne les distingue que sur les jeunes et tendres, qui succombent de suite. Dans les vignes, ils causent des dépérissements et des défauts d'abondance dans le raisin, mais on ne voit le dommage que sur. les jeunes plants d'un ou de deux ans. De même sur beaucoup de choses.

Pour arrêter ce fléau perpétuel, il suffirait de leur faire la chasse l'espace d'un mois tous les trois ans ; car il se trouve deux années qu'il n'y a presque point de hannetons.

Mais pour la troisième, il faut se tenir prêt d'avance et quand par un beau soir de printemps ils paraissent en nombre, volent en tout sens et heurtent brutalement le visage des promeneurs, il faut prendre cela pour une insulte à l'intelligence humaine, et jurer leur perte et les détruire à tout prix ; un peuple qui causerait autant de tort aurait bientôt la guerre ; cela ne serait pas coûteux pour sauver tant de productions.

Les propriétaires de chaque commune peuvent, à leur compte, faire prévenir les personnes qui voudraient les aider à battre les arbres et à ramasser les hannetons dans chaque contrée, mais que l'une après l'autre, et ne pas délaisser les bois à cause d'eux et des terres qui en sont voisines.

Il convient que deux envoyés de la commune les suivent, dont un commande et dirige afin qu'on ne change pas de lieu avant qu'il soit suffisamment nettoyé. Un autre avec une petite charrotte, et de grands tonneaux à large bonde avec entonnoir fait exprès, recevrait les pesanteurs dont il donnerait reçu, pour être payé.

Après le premier nettoyage il en faut un second, mais le payer plus cher à mesure qu'ils deviennent rares, car moins il en resterait, surtout avant qu'ils aient déposé leurs œufs en terre, mieux vaudrait pour le pays qui en serait purgé pour longtemps. Cependan\[t\] tous les trois ans il faut y revenir afin d'entretenir l'extrême diminution. Pour les bois d'étendue considérable, le nettoyage n'intéresse que les propriétaires.

Pour que dans la suite on nettoie et détruise les hannetous avec grande facilité, il faudrait, sur tous les chemins, de kilomètre en kilomètre, que l'on plantât huit léards, quatre de chaque côté, et que tous les deux ans les branches de deux de ces léards fussent coupées sur la tête, qui aurait à peu près dix pieds de hauteur ; par là, chaque léard porterait ses branches huit ans avant d'être coupées. Les hannetons au bout de quelques jours connaissent ce qui plaît à leur goût, et quittent les peupliers et autres arbres pour se rendre sur les léards, où on les trouverait réunis, faciles à faire tomber de leurs branches arrondies, et on entretiendrait la diminution sans qu'il en coûtât bien.

En tout pays, quelques ouvriers devraient s'exercer à travailler les greniers à blés, en garantissant que les rats ne puissent y entrer, ni sortir, ni même, s'ils y étaient, pouvoir se dérober à l'œil.

On ferait ce travail non-seulement dans les greniers neufs, mais aussi dans tous les vieux quels qu'ils soient, mais par des moyens les plus économiques avant d'employer les plus dispendieux ; mais de manière à réussir afin d'être recherché pour cet effet et arrêter la perte et la consommation de ces détestables bêtes, dont on ne trouverait plus les ordures, ni celles des chats qui n'y monteraient plus.

Pour les greniers les plus faciles qui ont plusieurs pieds de hauteur, au-dessus du plancher, il suffit souvent de bien dresser les murs, et arrondir les angles par une petite garniture, et enduire le tout de chaux doublement polie avant qu'elle sèche ; ou bien sur le haut du mur poser une tablette en pierre mince et polie, surtout en son dessous et qu'elle saillisse du mur au moins de six à huit pouces. Si cette pierre ne peut se polir suffisamment, il faut l'enduire de chaux et la polir, afin que si les rats montent sur le mur, cette tablette les arrête et les empêche de gagner leurs retraites ; des planches bien polies peuvent suffire. Quant il se trouve quelques pièces de bois qui partent du plancher, il faut en entourer un bout avec des feuilles de zinc afin qu'ils glissent et retombent, même quand elles seraient inclinées ; pour d'autres difficultés il faut tenter d'autres moyens.

Dans les terres basses où il existe beaucoup de fossés, sur lesquels sont des haies de chétive valeur, ou mal fournies, on peut citer qu'à partir du milieu du fossé, il y a trois mètres de large, où les cultivateurs ne récoltent pas en gerbes et haies de quoi payer le travail et la semence.

Sur l'approche et talus de ces fossés, qui sont sans contredit les meilleures terres des champs, la perte d'une telle largeur de chaque côté qui est répétée par tant de fossés, cause pour le pays une diminution considérable de froment et autres récoltes.

Les haies nuisent en gênant la liberté de l'air qui est toujours si favorable aux blés ; on sait que leurs racines épuisent la terre largement, les ronces et les branches qui s'écartent, éloignent la charrue qui laisse des lisières de friches qui sont bêchées avec frais, mais pas assez assidûment pour que le blé réussisse bien ; même pour les haies bien plantées, quand il n'y a pas sérieuse nécessité d'en clore les morceaux de terres, et qu'il n'y a besoin que de fossés pour l'assainissement, il vaut mieux que le nombre des véritables bois s'augmente et que les bonnes terres à blés ne produisent plus d'épines.

Il serait plus avantageux pour tous que les propriétaires, même les fermiers et cultivateurs qui ont beaucoup de travail, affermassent ces lisières de trois à 4 mètres de large à partir du milieu du fossé, à des journaliers pères de famille qui arracheraient ces haies de peu de valeur et cultiveraient à bras ces talus; le maître en toucherait plus de valeur de ferme qu'il n'en touchait en récolte avec dépense. Cela pourrait de même se donner à moitié, mais pour cette culture, il convient d'éloigner la terre du talus en formant une pente de toute la largeur qui abaisse le bord du fossé jusqu'au niveau où les eaux se tiennent en hiver ; le peu de largeur qui resterait au fossé n'en serait pas moins profonde, et il serait plus facile à entretenir propre et profond sans y laisser croître les grandes herbes dont les racines s'étendent hors de l'eau ; en coupant les tiges on arrête les racines. Pour l'avantage de tout ce qu'on cultive au bord, il serait utile que les deux riverains détruisissent leurs haies à la fois.

Cette pente qui peut se maintenir sans peine ainsi que le fossé, en cultivant à bras, ne serait plus de même si on y passait la charrue, après quoi les épines regagneraient leurs places, et la terre comblerait le fonds.

Ainsi craignant moins de perdre d'emplacement dans la pente si rétrécie, on peut augmenter les fossés autant qu'il y a besoin, en faisant qu'ils se vident, et vidant aussi l'eau de la terre contenue dans l'épaisseur végétale ou labourée.

Où les haies doivent par raison être conservées on peut également louer les rives dont la charrue tire mauvais parti ; les gens, avec une serpette à long manche, parent plus souvent les pointes et branches des haies, et peuvent même un peu déchausser la terre du pied, pour contenir les racines et pour favoriser l'ensemencé qui joint ; mais où il y a beaucoup d'arbres sur les fossés, cela ne peut guère être favorable à ceux qui prendraient la rive à ferme.

Auprès d'une jeune plantation d'arbres plantés au bord des fossés qui sont déjà pris par une année de guérets au pied, dont on les a déjà favorisés, on peut louer la rive pour être cultivée et ensemencée à bras, jusqu'à ce que les arbres commencent à nuire à ce qu'on cultive au-dessous. Dans leur jeunesse cela leur procure un plus prompt développement que d'être entouré de friches et d'épines, et cela les préserve du choc des chevaux et des charrues ; pour le même motif si on plante une rangée d'arbres fruitiers sur un champ, il ne faut pas y faire approcher la charrue, il vaut mieux cultiver à bras trois mètres de chaque côté, avec volonté invariable qu'il y ait toujours un côté qui soit ensemencé et l'autre en jachères propres, afin que les arbres trouvent toujours de la fraîcheur et de la nourriture d'un côté pour embellir leur végétation et rendre leurs fruits meilleurs et plus gros.

Pour de très-petits fossés que l'on fait dans des pièces de terre, sous le nom de rigoles d'assainissement, ces rigoles s'y conservent trop de temps ; la charrue pour ne pas les rabattre, laisse un pied de chaque côté, si on ne le bêche pas, l'herbe vivace s'y multiplie et assèche les côtés ; quand il n'y aurait qu'un mètre de perdu, c'est trop. Voici ce qu'il convient de faire : ordinairement on met de l'avoine tous les trois ans, dans l'hiver qui en précède la semaille, il faut de cette rigole dont les bords peuvent avoir été défaits par le dernier labour, il faut défoncer un mètre de large au moins afin que cette rigole soit changée de cette distance. La semence de l'avoine qui lèvera jusque dans le talus du petit fossé neuf, et sans herbe, s'y nourrira et poussera, de même que ce qu'on y mettra et sèmera les deux années suivantes, et recommencer ainsi trois ans avant que l'herbe n'ait fait plus de dommages, et ce mètre de changement doit être avancé du même côté ; cela fait connaître l'effet d'un défoncement de

15 pouces qui est la profondeur ordinaire de ces rigoles qu'il serait peut-être utile de faire plus nombreuses, et parfois plus profonde.

Dans les terres basses, un peu humides, qui ont besoin d'être exhaussées par l'abaissement de quelques grands fossés, s'il ne s'en fait pas de grands d'un commun accord, il peut s'en faire quelques petits sur la propriété particulière ; il faut qu'il soit large pour produire plus de terre et le fond ne s'en garnit pas aussi vite ; on peut donner deux mètres et demi de largeur, et un peu plus d'un mètre de profondeur, après quoi on répartit cette terre parmi les champs ; mais pour ne pas perdre cette largeur do près de 8 pieds, on peut l'utiliser en y plantant de l'osier, non sur les bords, mais juste au milieu ; mettre des plantons, le pied enfoncé dans la terre, puis couper la tête à la hauteur du sol ; en mettre de plusieurs sortes, tels que le rouge et le jaune, ainsi que l'osier gris appelé *quétié de vigne*, et celui des vaniers.

Dans les fossés où l'eau n'est grande qu'en hiver, l'osier peut bien y pousser quand les racines parviennent dans le côté des talus, ils pousseront fort et couvriront de leurs scions tout le large fossé, qui, sans osier, ne produirait que joncs et mauvaises herbes ; quand après la moisson on craint que les bestiaux ne broutent les pointes, il faut à cette époque lier le bas de la touffe sans la serrer ; cela les préserve, en les faisant élever plus droit au-dessus du fossé, où ils formeront une ligne de verdure qui paiera bien la place de cette fosse vidée pour l'assainissement et l'abonissement des champs des alentours.

Les essais sur le peu ne sont guère dispendieux et produisent quelquefois de précieux avantages en les lançant sur une grande étendue quand ils sont reconnus favorables.

Sur un bois taillis de moyenne vigueur en terre un peu propre à pousser des pâturages qu'on peut considérer précieux pour tous comme étant une augmentation pour nourrir les bestiaux, il faut essayer à obtenir meilleur bois et meilleur pâturage ; on peut expérimenter sur un hectare de taillis déjà en âge d'être coupé ; il faut laisser un nombre de brins de chênes des plus forts et droits pour les étêter à la hauteur de dix à douze pieds pour faire des têtards sur lesquels on retrouve le taillis de bois de chênes par tous les sept ou huit ans, il ne faut laisser pousser de bourgeons que sur la tête ; avec une serpette à long manche on supprime ceux du dessous en chaque année de coupes, mais d'abord laisser en pyramide les trop faibles.

Aussi il faut d'abord avec de fortes pioches saper en terre toutes les épines et faux bois et briser et arracher les ajoncs et bruyère, et en détruisant les bourgeons on fait périr les bois superflus.

Et en outre dès la première année on y met paître les bestiaux qui broutent les bourgeons qui poussent parmi l'herbe, et les bourgeons qui s'échappent et durcissent doivent être rabattus à la pioche et la faux en été afin qu'ils périssent à mesure que l'herbe s'accroît ; l'année suivante on peut charger le gardien des bestiaux de cette besogne pour ce qui repousserait encore, mais l'hiver dans les places où il n'y a pas d'herbes il est utile d'y jeter des graines de trèfle, de minette, de ray-gras et d'autres de prés naturels et artificiels, et en outre pour favoriser le pâturage pour lequel on travaille, que les gardiens aient au lieu de houlette un bout de faux rompu cloué à un dos de ratissoire et parcourent le pâturage, abattant les tiges de mauvaises herbes variées qui surmontent le gazon, les herbes n'étant pas de nature à être ainsi coupées plusieurs fois dans leurs croissances périssent au profit du friand gazon que l'on veut protéger, coupant principalement les bourgeons de bruyère et d'ajoncs.

Si le revenu annuel du bois en état de taillis était d'environ vingt francs par hectare, le pâturage doit produire autant de ferme en compensant la valeur des années du plus ou du moins d'ombrage qui augmente ou diminue la valeur du pâturage; si cela était ainsi, il y aurait une augmentation de revenu de tout le taillis, des têtards en attendant une multitude de pieds de chêne propres à la charpente, qu'il ne faut pas laisser trop nombreux afin que le produit des têtes soit meilleur et que les pieds gagnent de la valeur et produisent moins d'ombre; si on considère pied et branches le produit général du chêne doit même s'accroître par l'absence du faux bois dont la vente prouve toujours qu'il n'est guère considéré et aussi le dépôt du fumier que laissent les bêtes peut faire du bien à ces arbres; si l'expérience venait à engager à étendre cette union de bois et pâturage, ce moyen ferait multiplier les élèves de chevaux, bêtes à cornes et moutons, ces terres produiraient, sans plus d'effort, du bois, de la viande et des chevaux; cela doit plaire plutôt que de laisser perdre

3.

l'herbe, cela augmenterait les richesses sans en payer de nouveaux titres.

Quand parmi les bois il se trouve des places très-basses où le chêne est absent ou ne peut réussir par la cause des eaux qui y séjournent en hiver, il n'y pousse qu'une masse de mauvais herbages qui dénotent une bonne terre perdue, le moyen préférable de les bien utiliser est, pendant l'automne , d'y creuser des places pour les eaux en répandant les terres sur le gazon d'alentour qui en profitera ainsi que les chênes, et sur le talus et bord de l'eau il faut y mettre des saules de six à huit pieds de hauteur, ou des léards qui sont l'ancien peuplier de France et qui conviennent à être coupés en têtards ; si la bonne terre de ces mares engageait à les creuser à une grande profondeur il faudrait l'entourer de haies pour préserver d'y tomber.

Quand pour les terres à blés les moyens d'amendement manquent, on peut aussi sur d'autres bois trouver de quoi les amender; pour cet effet c'est de peler à la houe et tranche les gazons de surface noircie parmi le bois, et les entoiser pour qu'ils sèchent; cela est assez bon pour mériter d'être transporté un peu loin pour donner de la fertilité aux champs, mais de près ou loin il faut que les charrettes entrant dans le bois s'y présentent chargées d'argiles ou terre intérieure de bonne nature pour remplacer celle des surfaces qu'elles en sortent.

Il est croyable qu'une étendue de deux mille francs de valeurs, bois et fond, peut produire en pelouse largement répandue de quoi faire produire en huit ans plus de mille francs de blé en plus, encore l'amendement n'est pas usé à l'entier, et même les bois chétifs dont la pelouse herbue n'étant pas moins bonne que celle des feuillages peut faire croître en huit ans, en n'importe quelle chose, un surcroît de valeur qui surpasse celle totale du fonds d'où on les tire, et encore le bois peut ne pas être gravement endommagé, car deux pouces de terre de surface continuellement tapissée d'herbe vivante ne doivent pas donner une grande végétation au bois, mais à ces derniers on devrait leur rendre le double en terre neuve des sous-sols, car il faut ménager tout ce qui sert aux besoins de la vie.

Il existe en certaines contrées et situations de basses coulées étroites, où les terres accumulées par l'effet des eaux à la privation des terres environnantes, forment une extrême et profonde épaisseur de terre de bonne nature, ou que ce soit leur nature primitive. Si les terres environnantes des pentes et plaines sont médiocres, il est intéressant et même précieux d'en répartir comme amendement, pour augmenter sur ces étendues la beauté des récoltes ; il s'y trouve quelquefois de vieux petits marais à sec, surtout en été, où les terres trop légères, poreuses ou trop humides en hiver, ne peuvent produire conformément à la bonne culture ; alors, quand la sécheresse les rend praticables, c'est là qu'il faut commencer et ne pas épargner d'en conduire en dépôt dans les lieux où on pourra en prendre en tout temps de l'année, pour les champs. Ces terres de limon portent un amélioration progressive, quoique parfois un peu tourbeuses ; quand de tels lieux ne produisent en arbres et autres choses qu'un revenu ordinaire, même serait-ce quelques prés, leur destination la plus précieuse est d'en abonnir la plaine peu à peu : il faut commencer des prises comme pour celle d'un canal , à enlever toute l'épaisseur bonne et propre à devenir meilleure. Pour avancer beaucoup dans tous des immenses charrois , il ne suffit pas d'y ajouter des bœufs , il faut aussi des charrettes pour les vaches ; deux vaches ordinaires, un peu habituées, font la force d'un fort cheval.

Après toutes les propositions d'ouvrages qui seront faites et agitées , il restera toujours de ces grands travaux pour occuper en tout temps et utilement les hommes et équipages à des transports de terre convenablement dirigés , qui seront pour le présent et pour l'avenir des ressources inépuisables , rendant les sols qui les reçoivent meilleurs pour toujours , mais les terres intérieures produisent moins d'effet les premières années. On ne reconnaît bien leurs actions que quand elles sont mûries par l'air des diverses températures , et les mélanges par les labours qui l'incoporent, et l'humus, dont elles s'enrichissent de plus en plus, mais ce retard est une raison pour ne pas éloigner le commencement ; car à quoi servent les terres de bonne nature, à bien des mètres de profondeur dont, dans les positions élevées et bonnes , on peut juger par des puits que l'on fait , ainsi que tant de bonnes argiles superflues, tandis que tant d'étendues de terres trop séchantes et pauvres d'épaisseur qui reçoivent tant de soins pour ne guère produire, semblent aspirer et demander leurs mélanges et union pour s'engraisser et se fortifier sur leurs beaux emplacements, auxquels ces terres vierges donneraient de la fertilité plus proportionnée aux soins annuels des cultivateurs?

Mais pour répondre et suffire nécessairement à tant d'autres travaux, on ne peut d'abord commencer ces transports sans fin qu'avec modération.

Dans deux champs peu distants, qui seraient de genre de terres très-différentes, on transporterait de leurs surfaces, charrois pour charrois, de l'un à l'autre ; les deux champs y gagneraient, car cette alliance étrangère de terre forme un peu de composition qui est toujours favorable pour en augmenter la valeur.

Mais c'est principalement les sous-sols des bonnes terres où l'eau n'est pas à craindre, qui doivent servir à abonnir peu à peu les terres médiocres et pauvres d'épaisseur et en général toutes celles pauvres de produits et celles plantées en vignes, à qui ces amendements sont assez favorables pour ne pas y mettre de fumier.

Le dessous de la bonne terre, sauf des exceptions, doit avoir la supériorité à s'abonnir, telle que l'a fait celle du dessus avec la même disposition primitive.

En faisant ces transports pour enrichir les terres, il faut à la fois un peu en aider la composition, quand on le peut; quand la prise de terre est argileuse et gluante, il faut de préférence les répandre sur celles les plus

maigres et sablonneuses , plutôt que de les conduire
sur celles qui, sans être bonnes, seraient de même nature par leur plus ou moins de sable qui est parmi ;
en un mot et sans craindre , il faut un peu se prêter
dans les travaux pour les terres, à les corriger par
leurs extrêmes opposés, mais quand l'occasion s'en
trouve et sans rien suspendre.

Les sous-sols profonds des excellentes terres marneuses
sont bons partout , mais particulièrement sur les surfaces des terres caillouteuses, et toutes celles schisteuses,
qui ont le défaut de durcir extraordinairement dans
leurs surfaces battues par les pluies ; le mélange mar-
neux remédie à ce défaut et rend plus facile à la culture
et plus poreuse pour l'air et l'humidité , et tel que le
sable calcaire et coquillier, ou terrain sablonneux , qui
absorbe l'air et l'eau avec trop de promptitude , est
propre à répandre dans les terres, dites battantes, pour
les rendre plus perméables et faire que l'eau y pénètre
plus facilement , ainsi que l'air si utile dans la proportion convenable ; il faut cela pour faciliter le produit de
la grande richesse , de ces terres brutes et grossières.
Ce même sable pierreux et spongieux serait propre
à mettre dans les vignes qui existent dans les pentes
brèves, des côtes pour exciter ces terres à mieux prendre
l'eau qui se précipiterait moins vers la pente en en-
traînant les terres.

L'expérience donnera l'éducation et la connaissance
positive de la composition des terres et de ses effets.

En outre des défauts que l'on croit connaître , il est
probable qu'une terre qui paraît bonne et ne l'est pas,
c'est qu'elle est moins bien composée par la nature ,

peut-être qu'il ne lui manque que peu de choses, ainsi que beaucoup d'autres. C'est pour cela que les cultivateurs et les savants devraient ensemble essayer par tous les moyens possibles, non-seulement à les connaître, mais à y remédier en ajoutant ce qu'il manque à sa composition.

Pour les trop minces épaisseurs de terres appuyées sur les rocs calcaires, ou cailloutages serrés, toutes seront favorables pour augmenter; mais quand on peut choisir la terre où le peu de sable est un silex ou sable de cailloux, il faut le mettre sur le terrain calcaire, qui tient à la chaux, et la terre calcaire qui tient à la chaux et marne, doit être répandue sur le terrain siliceux qui tient aux cailloux et sur celui schisteux.

Le terrain schisteux tient des roches de schiste plus ou moins dur ou tendre, feuilleté, ardoisé, est bon à répandre sur les autres, mais où la terre est dure et battante, le calcaire est le meilleur à répandre sur lui dont la marne est la plus puissante pour les terres non calcaires, dans les terres calcaires elle produit moins d'effet, mais par suite elle s'améliore. Car de toutes les terres neuves des sous-sols quels qu'ils soient, c'est la marne qui a le plus de richesses végétales, que l'air et la culture fertilisent.

Dans les petites villes et autres communes, où presque toutes les maisons ont jardins, ou jardins voisins, il se trouve beaucoup de ces jardins où le poirier ne réussit pas; c'est une grande privation de ne pas voir croître ce fruit méritant, qui sert les trois quarts de l'année. Pour réussir, il faut se procurer de ces bonnes terres schisteuses, dites battantes et brutes, mais d'une terr e vigoureuse à pousser , prise en surface et loin des racines de haies ou d'arbres ; s'il n'y en a pas dans le pays , il faut s'en procurer , avec même choix, de parfaitement bonne et forte, d'un lieu où il y ait de gros cailloux , plutôt que du petit mêlé à la terre; ainsi la bonne terre provenant d'un lieu où il n'y a pas de calcaire, ni tuffe, ni marne, dans cette terre qui ne nourrissait point d'arbres, elle fera pousser de beaux poiriers ; si on veut en planter seulement une allée de deux rangs, il faut dans la longueur des rangs projetés approfondir deux fosses de quatre à cinq pieds de large sur une profondeur d'au moins deux pieds. S'il y a une suffisante épaisseur de terre dans l'enclos , il faut tout sortir celle des fosses en rentrant celle que l'on fait rendre des champs.

La terre que l'on extrait d'un jardin soigné, pour répandre dans les champs , vaut presque du fumier. Le cultivateur qui fournit celle demandée , peut prendre celle-ci en place , en l'indemnisant un peu du transport.

Avant de planter, il est bon de savoir que cette regarniture de nouvelle terre doit être à six pouces plus élevée qu'elle n'était, car dans l'espace de l'année, les arbres et la terre s'abaissent ensemble ; cultivée, cette terre s'y tient fraîche, et sans y mettre de légumes, la première année et la seconde que des mains épuisent , que l'on arrose , on est sûr d'avoir de beaux fruits et des arbres qui se soutiennent, mais les poiriers étant sur cognassiers, il ne faut pas bêcher autour à plus de quatre pouces de profondeur.

La bonne terre est avantageuse pour faire des légumes , mais il faut avec cela la proximité de la ville pour mieux vendre. Quelquefois près des villes , ou y attenant , il est des terres et clos en position précieuse pour des jardins et vergers , mais des sols de qualité un peu trop ingrate pour en établir , c'est là qu'il y aurait grand intérêt à y mettre de suite beaucoup de terre de bonne nature , provenant des surfaces , pour qu'ils produisent de suite bon effet , et faire la même chose aux jardins de qualité moyenne , qui reçoivent tant de soins pour produire tant de légumes et de fruits.

Les terres schisteuses dont il vient d'être question , sont ordinairement sèches et bonnes; ces roches tendres qui naturellement paraissent pourrir et se décomposer , sont très bonnes à répandre dans les terres broyées en petite palette, le réduit en est très doux sans aucun sable rude.

Ces genres de terres ne se ressemblent pas de couleur, et sont aussi plus douces , plus dures ou plus fortes , mais en beaucoup d'endroits , jusqu'à une très-grande profondeur elles paraissent de même nuance qu'à la surface ; si l'expérience reconnaît ces profonds soussols, bien propres à l'abonissement des autres terres, il y a de quoi travailler et vivre , pour la postérité, avant que ces ressources soient usées.

Pour de si considérables et continuels travaux pour mélange de genres opposés par les opérations différentes qu'on pourra faire à ce sujet , il sera bien facile et peut-être précieux d'écrire avec beaucoup de distinction tout ce que l'on fait sur tel lieu , et comment, la quantité , d'où on la tire ; plus tard on ajoutera le résultat sur le même livret qui confirmera la mémoire et l'expérience.

Car. parmi l'emploi de tant de nuances et genres différents de terres et sables qui entrent dans des commencements de compositions, il pourra se trouver des excitants supérieurs en vigueur végétale, précieux à connaître.

On sait qu'en général tous ces suppléments portent une augmentation nutritive , et en outre comme composition , ils agissent un peu mécaniquement à rendre la terre plus facile aux racines, qui elles aussi se trouvent guéries du défaut d'être trop ou trop peu perméables à l'humidité et à l'air, qui sont d'une nécessité aussi importante, que nuisibles quand ils ne sont pas dans des proportions convenables.

Mais en outre de cela , ces terres un peu composées peuvent produire un excitant de vigueur pour les blés et autres végétaux, on le croit sans le définir. Mais on peut le comparer à la bonne subsistance des êtres animés surtout ceux de la classe brute , rangée sous nos soins et notre service, comme sont les végétaux.

La composition de la préparation de leur abondante nourriture , excite considérablement le développement de leur croissance en force et en beauté, et que le mélange les excite à se nourrir de choses auxquelles ils ne toucheraient pas, Pour l'homme, la composition et l'assaisonnement de ses aliments et mets, l'excitent à lui en faire manger beaucoup ; d'autres, qui sans cette composition et cet assaisonnement n'y toucheraient pas, que le renouvellement des fruits fait manger

plus que toujours les mêmes. Mais la nature des végétaux est plus directe et plus simple ; plus l'excitant les
fait manger et plus ils poussent.

L'excitant fait que les racines des jeunes blés et
autres plantes forment et lancent leurs masses che-
velues en tous sens, pour y chercher avec un appétit
dévorant une plus grande quantité de nourriture, qu'elle
complète dans sa profondeur par un surplus fade et
grossier, mais solide, qui sert à compléter son surplus
de volume et de fruits.

Ce surplus de volume et de produits sert pour l'augmentation des fumiers qui entretiennent cet accroissement, ce qui fait que l'agriculture ne perd rien de
ce qu'elle gagne.

Mais malgré la confiance et le bon espoir dans les
transports de terres bien dirigés, il faut penser que
ce que l'on juge probabilité, n'est pas expérience, et
qu'en outre le résultat progressif d'abonissement peut
être lent, et pour cela, peu convenable à ceux dont la
position exige chaque année le fruit de leur travail.
Prudemment, pour ne pas s'exposer à se repentir, il
faut d'abord essayer par peu, ou bien croire que les
grandes dépenses que l'on fait à ce sujet, sans préjudice
à ses autres travaux d'usage, doivent être en frais
séparés pour cela. Considéré comme une somme mise
pour achat de terre vendue très-cher, et qu'on afferme
ensuite à un intérêt médiocre, pour ne pouvoir être
trompé qu'avantageusement il ne faut pas compter sur
un intérêt plus grand de la mise versée pour ses travaux, sauf des cas particuliers ou que le peu de distance
en favorise l'intérêt.

Ainsi les fermiers et cultivateurs qui n'ont qu'une modique aisance, ne peuvent prudemment entreprendre de tels travaux, qu'à leurs temps superflus pour leur besogne, sans entrer en grande dépense, mais répandant le peu largement comme on fait des fumiers, sauf l'aide ou indemnité des maîtres de leurs fermes, mais pour de ces transports faits sur tant de vignes qui manquent de vigueur, suffisent; ces amendements peuvent bien rapporter de suite bien au-dessus de l'intérêt de ce qu'ils coûtent.

Si par ce moyen on récoltait du vin 1|5 en plus, cela dispenserait d'avoir autant de vignes sur les terres propres à faire venir le blé.

Mais pour les champs, les cultivateurs plus considérables feront bien d'avoir toujours de ces chantiers en réserve, pour y faire agir quand le temps le permet tous les travailleurs et charrettes qu'ils augmentent pour cet emploi, dont le fruit ne s'efface jamais.

Les jeunes bourgeois des villes devraient contracter la généreuse habitude de faire des visites laborieuses de quelques semaines sur leurs métairies, au moins plusieurs fois par an, pour en élever la valeur productive de plus en plus chaque année, menant avec eux des ouvriers inoccupés des autres arts, qui trouveront plus avantageux d'être bien nourris à ce travail, que de l'être mal à l'attendre dans leurs métiers; ils pourraient aussi mener leurs vigoureux chevaux, lesquels, menés avec modération, seraient d'une grande utilité.

Ce généreux exercice des propriétaires grandirait précieusement leurs génies sur ce point, où ils trouveraient du plaisir et gagneraient plus d'amour pour ce qu'ils possèdent, qui les porterait encore à le perfectionner et à l'embellir, en créant de la fertilité perpétuelle sur quelques parties des sols, qui jusqu'alors sont presque nuls en profits, et exhaussent la fertilité de d'autres, et mettent le tout de leurs fermes en si bon état, que le fermier puisse sans obstacles tirer par ses soins appliqués tout le produit dont la richesse du sol est capable. C'est ainsi que peut s'agrandir l'accroissement productif sans reculer les limites des terres.

C'est ainsi que dans chaque pays l'on pourrait faire constamment mais sans trop d'élans, qui pourraient priver les fermiers de leurs ouvriers nécessaire. Par là le riche peut s'accroître beaucoup de mérite, en joignant à son bonheur le contentement solide qu'entretiennent les bonnes actions, et leurs descendants continuant l'œuvre, leur sauraient gré du commencement; car, par là, sans avoir plus grand à cultiver, fumer et semer, il y aura beaucoup plus à récolter.

Pour les grands transports, on va voir ci-après que le commencement permet, sans inconvénient, d'en prendre un peu commodément dans la précieuse surface; mais on ne peut y revenir plus tard en prendre de la même manière sans causer de dommages.

Dans les terres de première qualité, il est impossible de ne pas croire que le dessous de l'épaisseur cultivée n'ait pas la même disposition à devenir bonne même à une grande profondeur , sauf des exceptions telles que s'est améliorée la surface avec supériorité, mais moyennant que le dessous soit praticable et non sujet à contenir l'eau nuisible. On peut citer ces terres comme possédant une grande épaisseur végétale , dont la surface seule est utilisée ; car, à un mètre de profondeur le soleil de printemps ne l'échauffe guère , les gelées ne l'allégissent jamais , ni les labours; elle reçoit que peu ou point l'air nécessaire pour la faire végéter. On n'y voit que quelques racines qui y pénètrent, tant dans les plantes que dans les arbres ; les deux tiers du premier mètre nourrissent presque tout, en aspirant l'humidité que le dessous lui fournit, en nourrissant quelques racines qui y descendent; tel qu'on ferait à une plus grande profondeur, après l'enlèvement d'un moyen sous-sol dont la surface serait jetée sur le dernier plus profond. Même en supposant qu'à l'épaisseur d'un mètre, les labours, les fumiers, toutes les causes bonifiantes des influences de la température, combleraient cette épaisseur végétale , et que les racines pourraient s'y multiplier autant comme à la surface. Les terres inférieures pourraient y gagner où elles ont cette profondeur praticable. Mais pour les bonnes , la récolte proportionnée ne pourrait s'en accomplir , le défaut d'air et d'emplacement la ferait manquer de solidité , pour se compléter et elle défaillirait avant de mûrir.

Ainsi reconnaissant que les très-bonnes terres ont trop d'épaisseur pour être bien utilisées, il est donc très-utile d'en répartir un peu sur toute l'étendue qui manque de suffisante épaisseur ou de qualités fertiles.

Pour premier transport de terre en faveur des terres médiocres ou de faible végétation, on peut avec avantage, si on ne le fait qu'une fois, prendre sur les bonnes terres de surface, cent à deux cents charretées par hectare, et les répandre encore plus largement sur celles où on le jugera nécessaire, les ayant prises sur le dos des sillons et sur les bouts et contours des pièces de terre ; cela sera plus prompt et fera meilleur effet que les sous-sols qui doivent servir ensuite.

Il sera bon de forcer le fumier, pour que cette terre qui engraisse les autres champs ne s'affaiblisse pas, quoique la charrue doive soulever du dessous de quoi compléter son épaisseur cultivée ordinaire.

Il existe des terres en qualités au-dessous de moyenne, dont l'une trop sablonneuse et maigre, l'autre trop compacte et grasse ou forte ; il faudrait d'une seule fois faire un échange considérable par charrois, menant et ramenant surface pour surface. Mais en disant faire tout d'une fois, je dis sur les mêmes pour ne pas le faire deux fois ; car si les étendues sont grandes, elles peuvent bien s'engraisser en bien des années, en gagnant de la valeur l'une et l'autre, et de suite dans la portion que l'on fait chaque année. Le changement ne s'opère qu'une fois.

Pour tirer les sous-sols des bonnes terres dont on a parlé pour commencer à enrichir toute les inférieures même dans celles délaissées, il est utile de faire comme il serait utile aussi pour toutes les marnières, qui est d'en prendre l'épaisseur que l'on veut sans détruire la fertilité des places et champs d'où on les tire.

C'est de découvrir la largeur d'un chemin à un pied ou un peu plus d'épaisseur formant si l'on veut le demi-cercle pour que les charrettes y entrent et sortent de l'autre bout ; là on enlève l'épaisseur de terre ou marne que l'on désire en laissant le fond uni d'après le niveau naturel du champ, ensuite on y fait tomber la surface de même d'un pied dans la même largeur que la précédente, et on continue ainsi d'entaille en entaille, de sorte qu'après l'opération d'une certaine portion on puisse sans difficulté labourer la même terre qui se trouve aussi unie comme avant l'enlèvement de son lit habituel ; si les marnes et aussi les bonnes terres sont rares dans un pays, il faut en enlever une plus grande épaisseur ; comme ces travaux ne peuvent s'y faire que lentement les transports doivent se répandre un peu clair sur les terres, ils seront comme amendement répété plus avantageux que d'en mettre beaucoup en peu de place, et sitôt qu'ils sont déposés il faut les répandre afin que l'air les améliore. C'est pour cela qu'il convient d'en mettre sur celles de ces terres qui se trouvent en prés artificiels où elles se trouvent à l'air jusqu'à ce qu'il soit défait.

De la manière qu'il est dit on peut aussi abaisser convenablement le sol végétal de quelques prés naturels dans quelques portions qui se trouvent trop élevées pour maintenir leur fraîcheur si précieuse ; quoique cette opération bouleverserait le gazon, il serait bientôt rétabli et meilleur en le ressemant un peu parmi une année d'avoine.

On peut aussi abaisser quelque terre basse où on la connaît propre à faire de nouveaux prés naturels. Quand on craint que les passages des prises de terres deviennent trop mouillés pour les charrettes, il faut par la terre saine et les gelées en faire des dépôts près du lieu sur le côté des chemins pour prendre cette terre à volonté : quand on la mène un peu loin et avec de très-mauvaise terre pierreuse, on pourrait demander à remplacer la bonne terre du côté des chemins et talus des champs, cela en vaudrait bien la peine et les chemins seraient mieux.

Dans les pays où les terres cultivées sont toutes mauvaises et trop éloignées des moyens d'abonissement dont il vient d'être question, se serait peut-être favoriser les habitants de ces contrées que de conseiller aux propriétaires de diminuer l'étendue de leurs cultures sans pour cela récolter moins.

Voici ce qui pourrait être essayé dans quelques propriétés : ce serait d'après des lignes prolongées et parallèles d'enlever l'épaisseur labourée d'un dixième ou d'un quart suivant le besoin et la faiblesse de ces terres, leur diminuer l'emplacement afin que ces terres soient plus fortes en produits en les renfonçant par l'abandon de quelque emplacement superflu.

Dans la largeur désignée il faudra vider l'épaisseur labourée ou un peu plus, en la répandant, avec de petites charrettes basses sur les deux côtés, sur les planches restant cultivables qui ont de cent à deux cents mètres de large, joignant des deux côtés les places vidées où il se sème un peu de graine pour faire des pâturages ; par cette opération les cultivateurs ayant moins de travail le feraient mieux, ils auraient moins à labourer, moins à fumer, moins à semer, moins d'emplacements à moissonner , mais peut-être plus de gerbes à serrer , ainsi que d'autres produits de récolte.

Ce même genre d'opération ayant lieu sur des défrichements de landes pourrait avoir de bons résultat, car si trois arpents ne valent que bien juste la peine de les cultiver, que l'un des trois fournisse ce qu'il a de bon pour améliorer les autres; cela formera un exhaussement de bonne épaisseur cultivable qui ne craindra plus autant l'humidité ni la sécheresse comme si elle était restée telle ; ainsi on pourrait sans surprise obtenir bonne réussite en bien des choses par des cultures qu'on pourait entretenir par engrais et un peu de terre de bonne nature.

Mais pour des étendues considérables il ne faut pas les entreprendre avant d'expérimenter par peu ; après cela si l'expérience engage, il pourrait être formé des voies de fer pour des transports bonifiants.

Pour embellir la terre , il en sortira de mieux en mieux des plants plus beaux et perfectionnés , quand les grands et fortunés trouveront assez de gloire à s'en occuper et à les faire effectuer.

Mais pour lancer ce luxe sublime qui ferait briller les sols de la patrie dans l'ornement des plus riches parures végétales , il suffit que l'œil éminent des grandeurs fasse apprécier tout le mérite qu'il y a à agrandir les sources de fertilités bienfaisantes et de paix , comme le but de la gloire la plus belle que tout autre gloire doit soutenir.

Il y a un siècle, pour le riche le travail était une dégradation , et par là tous les fortunés de la nation y portaient strictement mépris. Ce mépris était la semence des malheurs qui , après avoir tant fait languir les peuples, a fini par dévorer les grands.

Il serait utile et de bonne précaution , que les jeunes gens, sans être détournés de leur vocation pour les métiers, fussent tous obligés à une petite milice agricole , et que , dès l'âge de seize à dix-sept ans ils travaillassent un mois aux travaux de la campagne, à manier les pelles et bèches , et aussi les pioches et houes ; et autre besogne qui se trouve. Ils y retourneraient un mois à dix-huit ans, et un mois à dix-neuf ans ; il est à croire que malgré ces durs travaux, ils ne regretteraient jamais les trois mois de cet emploi. D'abord, si le travail de leur métier vient à leur manquer, ils ne le trouveront plus comme cas d'infortune et sans émoi ils ne trouveraient nullement pénible d'avoir recours à un emploi où leurs bras et forces ont de l'exercice qui ne se perd jamais. Ce recours serait plus louable même aux yeux de leurs maîtres, qui les rappelleraient de préférence à ceux qui restent inoccupés ; en outre , ceux qui après avoir été ouvriers deviennent maîtres, veulent par goût et distraction soigner leurs propriétés et jardins, y trouveront plus de facilité et de plaisir ; se servant de quelques souvenirs qu'ils ont conservés, ils réussiront aux soins de bien des choses par un exercice qui est le maintien de la santé plus que le repos complet ou l'excès des sociétés.

Pour que la terre nourrisse bien tous les hommes, elle semble vouloir les occuper tous à la travailler comme si c'était leur véritable destination, sauf les choses utiles dont les travailleurs et la société entière ont besoin. Mais l'excès du luxe qui consomme tant de temps en travaux qui ne produisent rien à manger, est et sera toujours préjudiciable à l'approvisionnement de la société, tant pour ses divers besoins que pour son alimentation ; si ce qu'on appelle luxe se bornait à l'état de bien et de très bien, et qu'on mépriserait l'excès et superflu, que de temps serait ménagé pour l'agriculture, et aussi pour construire suffisamment et commodément les bâtiments et servitudes des fermiers et cultivateurs qu'il est si utile de mettre en ordre pour ne rien perdre ; et les renforts que cela procurerait pour les travaux, et les soins généraux de l'agriculture feraient que les fatigues seraient moins grandes pour tous, et que tout serait mieux fait. Cela serait un adoucissement posé sur une base plus simple et plus solide, parce qu'elle est plus conforme à la raison et au besoin de la société, en un mot, dont le détail et la quantité de ces besoins pourraient s'apercevoir en faisant la revue domiciliaire dans une commune.

Mais c'est un penchant bien fort que d'aimer le luxe ;

car ceux qui en souffrent continuent à faire plus qu'ils
ne peuvent pour leurs parures. On dit que cela est un
défaut innocent ; les petits enfants sont de même, mais
ils sont trop jeunes pour voir que devant les pas du
monde, le luxe fait naître tant et de si pénibles insuffi-
sances qui rendent la vie difficile ainsi que les alliances,
et l'insuffisance produit quelquefois le découragement
qui affaiblit les sentiments équitables. C'est juste-
ment pourquoi il vaut mieux, en principe, paraître tel
qu'on se trouve avec franchise ; on avance pour être
mieux ; si un moyen facile faisait connaître à chacun
sa place, sans illusion , la juste ambition serait de la
consolider, l'adoucir, la rendre heureuse, et se garantir
des vents pernicieux qui peuvent pousser dans une
autre place avant de la connaître et pouvoir la dominer
afin de ne pas l'être. Le bonheur serait aussi commun
qu'il est rare, si on voyait l'excès du luxe comme celle
des fleurs de l'herbe dans les blés , dont l'éclat est nuisible et pernicieux.

Pour tous les travaux désirables, riches et autres, qui
est trompé en ce qu'il fait, se rebute bien vite ; il doit
prudemment expérimenter par peu afin de le bien faire.

D'après un plan écrit de son dessein, près et loin, il
doit faire opérer sous ses yeux un commencement qu'il
guide et observe, afin de connaître ce qu'il faut offrir
pour le faire continuer à tâche ou au marchandage, sur
le modèle et mesure du premier fait, tant pour travaux
différents que pour charrois.

C'est ainsi que le propriétaire ou bourgeois peut facilement mettre en œuvre les travaux de bonne espérance sans s'y tenir assidûment, ni être dupe, étant garanti par les conditions qu'une seule vérification peut éclaircir ; par ce moyen au moins, s'il fait beaucoup d'essai, il sait ce qu'il sacrifie, et obtient beaucoup de travail dont le résultat lui sert d'expérience pour diriger la suite avec choix et sûreté au meilleur avantage par des entreprises très-agréables, qui n'ont pour lui rien d'importun. Il n'en est pas de même pour ceux qui s'engagent dans la pénible sujétion de faire valoir, qui est toujours préjudiciable au bonheur et aux intérêts de ceux qui n'ont pas été élevés dans le métier.

Mais pour ceux qui y trouvent de l'attrait pour même y travailler un peu de leurs mains, leur plan le plus sage pour ne pas se captiver plus qu'ils ne veulent, est de louer leur ferme à moitié ; là, le maître pourra appliquer ses goûts en ce qu'il lui plaira de faire pour favoriser la croissance des fruits communs; ainsi, il pourra convenir avec son fermier que s'il produit un nombre de journées, même un cent, pour des travaux supplémentaires, le fermier en paiera la moitié.

Mais il ne faut pas que des journées d'hommes, d'abord pour l'intéressant nettoyage des blés, les femmes principalement y conviennent, ainsi que des enfants, par moyens d'outils commodes et légers, tels que binettes de différentes grandeurs, et aussi de petites râtissoires recourbées comme des raclettes, et très minces et légères, même en faire des morceaux de vieilles faux, cloués à une douille recourbée où est le manche de trois pieds, le tout léger et soigneusement emmanché : l'herbe parmi les blés étant levée l'hiver, on peut choisir depuis février jusqu'en avril les temps les plus secs pour couler, sans la poussière et l'herbe naissante, ces outils aigus en toutes les raies et les entre-lignes, même où l'espace est étroit; on soulève l'herbe avec le coin de l'outil, afin de laisser le blé le plus propre possible.

On y applique un second ratissage avant que le blé commence à grandir, et l'absence totale de l'herbe fait que l'air fortifie le blé depuis la naissance de ses tiges jusqu'à son fruit, parce qu'aussi ses racines ne sont pas rivalisées par celles de l'herbe, et trouvent à se nourrir en arrachant de bonne heure les restes d'herbe qui auraient échappé aux outils : il faut veiller à apercevoir le petit pois jerseau qui est faible à l'époque, mais qui devient si excessivement pernicieux pour les blés, quand dans juin et juillet les pluies sont trop continuelles.

En portant les soins jusqu'à ce point, les années peuvent encore être variables, mais toujours meilleures ou toujours moins mauvaises, car les blés sans herbes fournissent davantage de grains et des plus parfaits.

Les ratissoires plus ou moins étroites ou larges servent en général parmi tous les plants ou légumes en rangées plus ou moins étroites, en terres plus ou moins tendres ; on peut les faire servir à bon profit jusque sur les vignes, vers la fin de l'été, pour faire grossir le raisin, et même quand la terre se trouve rude et mot-

teuse, si elle mouille, on peut aussi y passer brusque-
ment un rateau à dents courtes, fortes et espacées, afin
de froisser les mottes qui se réduisent en terres fines, et
râper ensuite l'herbe et la croûte de la terre tandis
qu'elle est tendre ; alors les menues racines de la vigne
se portent à la surface où elles trouvent la meilleure
nourriture, qu'elles portent toutes au fruit quand les
tiges de vigne ne poussent plus.

Pour tant de travaux à la ratissoire il faut laisser
les plus durs et difficiles pour d'autres bras ; mais par
de très légères ratissoires, chaque personne un peu
exercée à les manier ou guidée par les plus adroites,
peut gagner aux maîtres qui l'emploient plus que le
double du salaire qu'ils lui donnent, car ces légères
cultures qui n'exigent que de l'habileté, augmentent
beaucoup la force et valeur des plantes, et même des
travailleuses, à qui les champs offrent un choix de travaux légers presqu'en toute saison.

Aussi, dans les moments les plus précieux, il faut
que les prix engagent la troupe des ouvrières à quitter
un peu les travaux que leur donne l'excès des parures,
pour faire laborieusement de petites sorties printa-
nières de quelques semaines, en faveur de la parure
des blés du pays ; cette parure est celle qui entretient
le plus la mine à la jeunesse et aux gens de tout âge.

Les grandes dames mêmes, pour donner l'exemple
du zèle que toute personne doit avoir, quand elle le
peut, de contribuer à ce qu'elle peut faire à l'approvi-

sionnement alimentaire de la grande société entière , devraient au commencement du printemps dispenser leurs servantes de leurs soins assidus, pour montrer que les embellissements qui peuvent attendre ne conviennent pas à faire dans les moments où des légions de toutes herbes paraissent et se répandent pour attaquer et dérober la nourriture des jeunes blés du pays, même celui de leurs fermes.

Elles iraient les voir dans l'active destruction qu'elle font de ces rivales et ennemies des blés, et même aussi par désir d'être utile à leur pays, elles goûteraient un peu à cet exercice , qu'elles ordonneraient ensuite chaque année à un nombre qu'elles feraient guider par une personne capable.

En suivant leur pouvoir elles y mettraient de l'importance comme à une bonne œuvre qui a les beaux charmes de l'utilité, et mériteraient le titre de protectrices des blés.

C'est dans les contrées basses où les herbes multipliées à leur comble , dominent et annullent le plus la valeur des terres , quand ces terres ont passé en prés artificiels, la graine est morte, il ne germe et ne paraît presque plus de ces détestables espèces d'herbes habituelles.

C'est le bon moment pour détruire strictement le reste, afin qu'il n'en graine pas, et que chaque année on puisse sans peine entretenir leur absence , car les fumiers qui ont fermenté ne portent guère de graines où on les répand ; le fruit de cette application étant vu , cela donnerait idée de sauver les blés de tant de bonnes terres de l'invasion funeste de l'herbe.

Pour les graines pouvant provenir des fumiers,
une double précaution vaut mieux que de n'en pas
prendre ; il faut mettre en fumier séparé les râpures
qui se trouvent autour des chaumiers, car les graines
d'herbes y sont en quantité, de même que le dessous
des fenils et barges de foin naturels, les balayures des
cours et des lieux où on nourrit les volailles, ainsi que
les balles séparées que l'on ne fait pas manger.

Ce fumier étant suffisamment humide, on y mêle
de la chaux ; il s'emploie pour les grosses plantes
qui se cultivent facilement, ou sur des prés de préférence.

D'après l'examen de tant de travaux, on revient à
ce qui est dit plus haut. La terre pour bien nourrir
tous les hommes, semble vouloir les occuper tous à la
travailler, hors les choses dont les sociétés entières ont
besoin.

Ce langage serait également vrai, quand même le
monde et ses besoins seraient plus nombreux, car le
nombre des ressources s'agrandirait plus rapidement.

Tel que dès à présent, sur le travail contre l'herbe,
si la volonté et l'application étaient fixes, dans peu
d'années quelques-unes des espèces d'herbes les plus
pernicieuses, pourraient se trouver diminuées des $9/10^{es}$,
et qu'ensuite un effort d'application de quelques années encore suffiraient pour détruire jusqu'au dernier
brin et dernière graine de cette espèce ; ce serait là une
belle victoire qui causerait un soulagement perpétuel,

qu'on doit au moins essayer sur quelques métairies, par intérêt du bien. On n'en fera peut-être rien.

Mais si plus tard le grand accroissement des populations exigent des besoins encore plus imposants, et que les goûts généraux se lassent par les abus de notre époque, des excès de luxe et d'applications frivoles, et les abandonnent, l'application généreuse étendrait la ertilité en la portant où elle n'est pas, et les variétés fde l'herbe, si nuisibles, se détruiraient jusqu'au dernier reste. Par là, leurs terres gagnant plus de sûreté pour l'abondance, les mettraient en mesure de vivre avec plus de repos et de bonheur, qu'on ne le fait en notre temps. Quand les forts visent ambitieusement au brillant, toujours leurs égaux les rivalisent ; ce goût chez les forts attire aussi trop le désir des faibles par un surcroît d'efforts pitoyablement fixés.

Quand on dit que c'est le luxe qui fait le bonheur des ouvriers, si on considère le bien général, on voit aussi que c'est un malheur, parce qu'il attire les travailleurs des champs, qui déjà ne suffisent pas. Pour en donner une preuve, voici une comparaison qui paraît suffisamment claire et juste :

Si du grand nombre des boulangers d'une ville on disait à un tiers : Fermez votre four demain, car chaque jour vous gagnerez à d'autres ouvrages plus que vous ne faites par semaine ; ce demain, dès le jour même, serait pénible à supporter pour la ville.

En agriculture, la privation du nombre des travailleurs ne produit pas une sensibilité aussi prompte, et c'est pourtant ainsi que se trouve frappée la source du pain et de tant de produits nécessaires dont tant de familles de travailleurs connaissent trop l'insuffisance.

Sans citer uniquement le pain, si cette insuffisance dont souffrent beaucoup de travailleurs réglés, ne vient pas du tort que les travaux superflus font éprouver à ces utiles producteurs en leur enlevant leurs ouvriers, et forçant par là la terre à produire insuffisamment, que l'on explique comment et d'où provient cette insuffisance imméritée.

Le riche et bon propriétaire qui sans ambition avare aime à utiliser ses loisirs et son intelligence, trouvera dans la beauté de l'agriculture plus de charmes et de doux plaisirs, que n'en trouverait sa noble franchise dans le haut commerce où ce beau réciproque est trop rare. Pour n'être pas fait dupe et n'en pas faire, il se plaira à visiter ses métairies et ses domaines, à les embellir et à les rendre plus précieux. Il introduira sur ses métairies les plus avantageux principes en coutumes, pour son avantage et celui des fermiers, qui de leur côté, feront valoir leur zèle, pour obtenir les plus belles réussites de leurs pays.

Pour varier le plaisir de l'ordre et de surveillance à ses intérêts, le bon bourgeois ira faire des visites sur ses vignes au commencement de la maturité du fruit, se faisant accompagner de quelqu'un intelligent qui les travaille.

Tout en inspectant le bon état de culture qu'elles auront reçu, il observera attentivement par une revue régulière le peu ou beaucoup de pieds de vigne de mauvaises variétés, dont les grappes ne sont pas fournies de grains, quand l'année permet que toutes les autres le soient ; il fera trancher les sarments de ceuxci au-dessus de leurs chétives grappes , afin de les arracher pendant l'hiver ; et ceux qui , par l'état de leurs raisins , paraissent tenir le milieu entre les bons et les mauvais, il les marquera avec des osiers liés à double tour , sur la souche , et si l'année suivante les mêmes pieds ont reproduit leurs mêmes apparences , il les fera trancher comme les premiers et les arrachera; il fera rétablir de suite toutes les places vides par des plants ou provins , car c'est un préjudice de laisser la vigne mal plantée , et encore un plus grand d'y laisser de mauvais ceps dominer les bons. Quand certaine place manque de terre suffisante et de végétation , il faut avoir l'attention d'y faire répandre des terres neuves , et faire remonter ainsi vers l'intérieur le trop des basses terres , que les labours et les eaux y accumulent.

Quand aussi sur quelques places de la vigne , il voit une végétation trop supérieure, il fera enlever un peu de terre de la surface pour en répartir sur autre part , ou ordonnera de lui former, à chaque pied de grande vigueur, un membre et un long bois en plus, afin que le produit se proportionne à la force , et évite que les bourgeons trop tendres ne soient abattus par le vent, ce qui est un accident grave. qui souvent fait mourir les souches; il faut remédier à cela quand même le bois serait mal placé ; la vigne se prête à toute forme, mais il ne faut pas que sa vigueur se noie par manque de bois.

Il visite aussi les arbres qui sont sur ses terres , examinant ceux qui ne gagnent plus de valeur et menacent de se détériorer, afin de les vendre à temps, en plantant autre part avec avantage.

Il visite ses bois taillis , en choisit quelques lieux pour y établir pâturage , en élevant le taillis sur les tétards.

Il visite aussi les jeunes et grands arbres de forêts , toujours se faisant accompagner de quelqu'un qui en raisonne avec lui et jugent ensemble des nouveaux conseils qui leur parviennent, tel que celui-ci :

D'abord , sur les chênes que l'on destine à devenir gros, les laissant également parmi les taillis, ces arbres, par cause de grand air , depuis leur pied n'ont point la tendance à se produire en élévation suffisante ; il faut y remédier en réprimant l'étendue des branches dominantes du contour, qui par leurs volumes deviendraient nuisibles à la proportion de grosseur de l'arbre dans l'élévation où on le désire.

Ainsi , il est utile de faire une visite d'examen et d'opération tous les deux ou trois ans , et celle des branches qu'on aperçoit avoir un tiers plus de force et d'étendue que le commun des autres , il suffit d'en retrancher la longueur à un tiers moins long que ne s'étend la pointe des moyennes ; ces fortes retranchées perdent par là leur supériorité pour toujours. On doit concevoir que si les branches minces ont deux à trois mètres de leur point de départ , retranchant celles plus grosses et étendues , à quatre et cinq pieds de long , à partir du même point, cela les retarde, tandis que les moyennes qui les privent d'air, les dominent à leur tour, et cette réduction pour l'égalité des branches du contour, fait que la vigueur se porte à la tête de l'arbre pour sa prompte élévation. Après les premières opérations les autres sont plus faibles, et quelquefois si quelques arbres s'élèvent moins facilement, quoique d'égale grosseur, on épointe le tout plus court, on émonde un peu, pour les autres, on continue à alléger les branches, se guidant sur le but que l'on veut obtenir, qui est d'avoir les arbres parfaitement proportionnés dans leur grosseur et sans nœuds nuisibles jusqu'à la hauteur de vingt pieds, où on laisse leurs têtes s'étendre à volonté. Quand les branches de la tête des arbres paraissent bien s'étendre et se fortifier, si celles du contour de pied jusqu'alors maintenues faibles paraissent ne plus grossir, on peut laisser le tout sans être nuisible : si on les coupe, ou en partie les plus basses, il faut les couper très-ras, sans craindre le dommage que le retranchement des grosses produit à l'arbre par de larges plaies, qui nuisent dans le bois à sa force et peuvent causer des ulcères.

Plus les chênes sont rapprochés dans leur ensemble, moins le besoin de ce traitement est important, mais pourtant trop intéressant pour ne pas le faire où le besoin se trouve ; les arbres en sont plus droits, mais si on les dégage trop dans leur jeunesse, la charge de la tête pourrait faire pencher les arbres.

Dans les futaies, c'est être dupe que d'en laisser vieillir une quantité plus grande que la terre n'en peut produire en bonne valeur.

Ne parlons que du traitement fait à temps, le travail en serait léger : deux hommes ensemble, l'un portant un petit croissant léger, comme une forte serpette, l'autre une légère mais forte perche, au bout delaquelle est une petite fourche en fer qui soutiendrait la branche, tandis que le croissant s'appuyant dessus, l'abattrait d'un ou plusieurs coups ; il faut avoir double manche pour le plus ou moins d'élévation, et au besoin une échelle double.

Ce même travail peut et doit servir, pour les peupliers de tout genre et les autres arbres, à en épointer une partie des branches pour aider leur élévation et leur belle forme, mais pour tous, ainsi que les chênes, il faut veiller à ce que deux branches de la pointe ne se partagent pas la direction, il faut en abattre une de suite, afin qu'étant jeune l'autre se redresse naturellement ; pour ceux extrêmement jeunes et tendres, on peut prévenir les défauts en épointant des bourgeons à l'extrémité.

Pour faire ce travail, où les chênes et leurs défauts sont un peu vieillis et leurs branches grosses, il faut une grande échelle que l'on appuie sur la branche à couper, si elle est de force à la soutenir, ou faire comme on peut, mais les couper plus longues et au-dessus des petites branches vivantes s'il s'en trouve, mais le faire afin que ces branches cessent de grossir pour que la force se porte à la hauteur ; si quelques branches ne repoussent point, il faut les couper ras, un an après en hiver. Mais ces traitements ne sont pas applicables aux arbres trop avancés vers le terme de leur croissance.

Dans la jeunesse des chênes, par l'application, il

pourrait être disposé des chênes pour toutes les formes du besoin et destination particulière ; par retranchement et abaissement, on produit courbe et bifurcation dans les dimensions voulues.

Dans les pays où le bois de chauffage est rare et cher, il peut être avantageux d'y établir sur quelques terres un peu de bois d'acacias, en s'assurant de la terre qui lui convient, qui le plus souvent est celle légère et sablonneuse, facile à travailler, quoiqu'en profondeur un peu argileuse et fraîche ; pour la plantation, avec un harnois fort, verser très profondément la terre et encore creuser chaque entaille avec des outils à main, mais s'en la sortir, afin que la charrue puisse continuer, ou défoncer le tout de 15 à 18 pouces, y planter au cordeau de beau plant d'acacias, à deux mètres de distance l'un de l'autre, ne le planter à pas plus de dix pouces de profondeur, et pendant deux ans labourer entre ; si l'on veut quelque prompt dédommagement, on peut sur le labour mettre des haricots de distance en distance, et les tenir propres.

Un ou deux ans après que les plants sont fortifiés il faut tous les couper à 4 pouces de terre, puis les laisser repousser à volonté, sans labours ni traitements ; dix à douze ans plus tard, quand la masse de bois aura épuisé la terre, il faudra tout arracher, en ayant planté d'autres dans différents endroits, afin que les coupes de bois se succèdent.

Où on reconnaît qu'il doit pousser avec vitesse, si en le plantant on le destine comme bois de travail qui est très-estimé dans le charronnage, il faut le planter plus largement, et après l'avoir rabattu à l'âge de 1 à 2 ans, il ne faut laisser que deux bourgeons que l'on lie ensemble à la hauteur d'un pied pour empêcher que le vent ne casse le plus beau, et en épointe l'autre ; pendant deux ans on dispose celui-ci en tige pyramidale élancée, après quoi on taille à nu le bas des arbres à mesure qu'ils grossissent.

S'il s'en trouve de rabougri, ou qui ne soient pas sains, on les arrache afin que ceux de belle taille complètent mieux leur croissance. A l'âge de quinze ans, ils doivent être beaux ; si on voit qu'ils cessent de gagner suffisamment de valeur chaque année, alors il est temps de les arracher et de séparer le bois de travail qui leur sert, d'avec le bois de chauffage ; il faut toujours mieux les arracher que de les couper pour attendre une autre coupe, parce qu'après l'arrachage, on trouve une terre très-enrichie pour bien des années ; mais seulement la première année il faut avoir soin d'enlever plusieurs fois les rejetons qui poussent parmi les blés ou autres choses, en les tirant à la main. Lorsqu'ils ont un pied de hauteur, ils se décollent très-facilement de sur les racines qui les produisent et qui finissent par pourrir, c'est alors qu'elles servent de fumier à la terre ; il est utile de profiter de l'avantage de ce bois qui est bon pour le chauffage, pour le travail, il n'est pas pourrissant, il est excessivement raide et solide, et aussi dur que rapide à pousser, il n'est pas délicat sur la plupart des terres médiocres ; pour l'intérêt de ce bois, il faut y conduire des terres de sous-sol pendant le cours de sa croissance, qui se bonifieront parmi le feuillage. Où le bois de chauffage est

rare, tout genre est bon, il faut planter des arbres variés des plus voraces, près à près pour les abattre jeune.

Quand on plante des bois de chêne, il est avantageux
de verser la terre à la charrue le plus profondément
possible, si cela est praticable ; si on ne le peut pas, il
faut un peu en aider les labours par des outils à main,
et mettre la terre propre, puis après la plantation il
faut, dans les autres rangs, maintenir la terre propre
pendant quatre à cinq ans, afin que les jeunes chênes
prennent de suite une vigoureuse disposition de force,
et ne restent pas de longues années en langueur parmi
les friches ; ainsi une petite charrue ferait de légers labours entre les lignes des plants, puis avec un outil on
nettoierait le reste autour du pied ; on gagnerait par
là six années de produits sur les plantations ordinaires,
et la suite continuerait à être plus abondante, car les
racines, qui dès leur jeunesse se lancent avec force et
vigueur, se dirigent mieux vers les profondeurs et en
tout sens, pour puiser plus directement et impérieu-
sement toutes les ressources végétales de la terre; il en
est de même de tous les végétaux. Ensuite empêcher
les épines d'y croître ainsi que la bruyère.

Dans plusieurs endroits de l'arrondissement de Sau-
mur, il existe une variété de chêne que l'on estime
guère, parce qu'on ne considère que son défaut qui est
de pourrir trop promptement, si on l'emploie dans les
lieux qui lui procurent un peu d'humidité.

C'est la variété appelée *chêne noir* dans le pays où il
est bien connu, aussi presque toujours il s'emploie à
bon profit pour les charpentes de couvertures et même

pour des planchers quand il est parfaitement sec, car autrement le cœur du bois pourrirait le premier. On évite aussi de l'introduire dans les murs extérieurs, que l'on croit susceptibles de prendre l'humidité; on ne le met pas non plus dans les planchers des écuries qui manquent d'air.

Mais pour tant d'autres emplois, il est fort sans être dur, et se maintient aussi bien que d'autres chênes; pour le chauffage, il est moins bon que d'autres chênes, surtout s'il mouille après avoir séché, ou si on le conserve trop de temps.

Voici les précieux avantages du chêne noir : c'est que c'est lui que la terre produit avec plus de grosseur, sur les bonnes comme sur les mauvaises terres, soit en taillis ou hautes futaies, soit mêlé avec d'autres ou séparé ; à n'importe quel âge, il a toujours une supériorité en volume; les futaies de cette variété, en terre ordinaire, captivent toujours les regards, par le nombre, l'élévation et la grosseur des arbres admirablement droits, et la beauté de leur ensemble.

Le gland de ce chêne est extrèmement gros et curieux par son enveloppe chevelue, son avantage et la quantité de sa production, surtout pour mettre dans les mauvaises terres où il est le moins délicat de tous. Peut-être qu'on obtiendrait sa réussite où on n'a pas cet espoir pour d'autres.

Il est bon d'en faire essai en beaucoup d'autres pays où il n'est pas, et même tâcher d'en faire prendre dans les clairières ou lacunes des vieux bois dont il faut, pour ne rien perdre, tirer parti par le secours d'arbres des plus propres pour cela, même des résineux, qui s'y plantent en petits plants, tels que les pins d'Ecosse de deux à trois ans de semis, étant les meilleurs pour ce sujet, et des plus faciles à faire prendre, peuvent se planter depuis octobre jusqu'en avril; pour leurs transports, éviter l'air et le hâle pour les racines. Une partie des variétés de pins sont plus difficiles à prendre, les fournisseurs de plants doivent renseigner à ce sujet les précautions et époques.

Il serait désirable d'être assuré des parcours des visiteurs, quoique l'on conçoive que dans leur début il convienne d'être indulgent pour l'expérience qui est loin d'être à son but pour une telle profession; mais après les avoir vus commencer, on les reverra plus tard ayant beaucoup vu dans leurs énergiques circulations auprès et au loin, faisant part des résultats fidèles et positifs d'expérience, des précieuses pratiques qui nous sont encore inconnues, de tous les nouveaux et habiles procédés qu'ils auront échangés, et des grands renseignements que les savants leur auront donnés pour qu'ils les expérimentent et utilisent, en leur promettant de chercher de nouvelles découvertes pour leur en faire part et enrichir encore la végétation.

Ils seront pourvus des perfectionnements de culture pour chaque genre de plante en particulier, et toujours explorant les particularités de pratique et de raisonnement qui leur seront données pour en faire part, tout à la fois ils redresseront les pratiques qui sont mal entendues sur quelques points ou sur beaucoup, ils enseigneront sur chaque localité tout ce qu'il faut pour en tirer tout l'avantage qu'elle peut offrir, en faisant pratiquer à tous, chacun dans sa convenance même simplifiée s'il le faut, un choix adopté de toutes les habiletés avantageuses pour son sujet.

De même suivant la convenance, ils montreront l'importance d'avoir une organisaticn conforme et facile dans toute la tenue de l'habitation et servitudes, de l'ordre suivi, et la régularité de tout ce qu'elle contient.

Partout ils feront apprécier l'importance des travaux d'hiver pour les travailleurs, que l'aisance ne quittera pas pendant cette saison. Ils éclaireront toute l'agriculture à un point qui ne laisse rien à désirer, que la continuation des travaux pour bouifier l'engrais des sols qui ne le sont pas, afin que les produits ne restent jamais en arrière du niveau des besoins des populations croissantes.

Si les visiteurs attendus ne se mettaient pas à l'œuvre particulièrement, on doit supplier les départements de donner, d'après l'approbation supérieure, appui de protection aux dignes sujets que la crainte de faire mauvaise campagne retiendrait. Quand il n'y en aurait que deux de choisis dans chaque département, qu'on obligerait de s'y tenir à l'œuvre une année entière, la seconde à voyager par la France, faisant des visites de même utilité, la troisième il reviendrait pour s'y tenir ; ainsi, de demie en demie les années, chacuns dans leurs départements, dont ils seraient jaloux d'élever les connaissances jusque dans les lieux les plus isolés que les rayons de leur lumière irait éclairer.

D'après les utilités de travaux qui se trouveront démontrés et reconnus comme pouvant accroître le bonheur des peuples, on reconnaîtra que de plus en plus le temps heureux peut s'étendre pour l'accroissement des populations que l'intérêt guiderait, les attirant par la sagesse gouvernementale aux travaux les plus sages

Honorez le métier qui sillonne les champs :
Venez aussi l'aider, ouvriers, artisans,
C'est le premier des arts aussi le plus ancien ;
La sueur du front, des bras, nous fait manger du pain.

Trop quittent l'ouvrage qui produit les épis ;
Le luxe des villes attire le génie.
Les sueurs nous abondent, nous faut-il du pain noir
Pour fournir au monde à chacun bonne part.

Riches, sur vos terres appliquez donc vos goûts ;
L'argent a des pouvoirs difficiles chez nous ;
Si toujours dans les champs les travaux marchent fort,
Le peuple de France goûtera meilleur sort.

Journalier valeureux, dans l'été comme hiver,
Content, toujours heureux, son mérite voit clair.
Sans fardeau d'affaire, son courage lui fait loi ;
L'ami de son maître, mais chez lui seul est roi.

Salaire bien gagné, compté sans reproches,
En fait par bon emploi le bien de ses proches.
Cité vrai bon père, chéri par tous les siens,
Par amour et devoir les dirige au bien.

Ne soyons pas esclaves des inutilités ,
Du gain l'emploi sage, le bonheur fait durer.
Progrès sur la terre promet de bons destins,
Pourvu qu'ordinaire ne soit pas des festins.

Un gros jeu fit sortir au grand besoin des temps ,
Progrès qui fait surgir les travaux grand'ssants ;
Ce jeu pourrait perdre ses bienfaits parmi nous ,
Sagesse préserve, ne jouons plus, aidons-nous.

En position basse, solidité aisée,
Ayant paix pour base, l'inquiétude chassée ;
Gain est plus facile, envieux que commode,
Peut fournir délices chacun dans sa mode.

O luxe qui s'envie, lance-toi de nouveau
Sur les champs, les prairies où brillera le beau ,
l'habit, l'ameublement, trains brillants et bals,
N'est plus bon qu'au passant, viens-donc, sois matinal.

FIN.

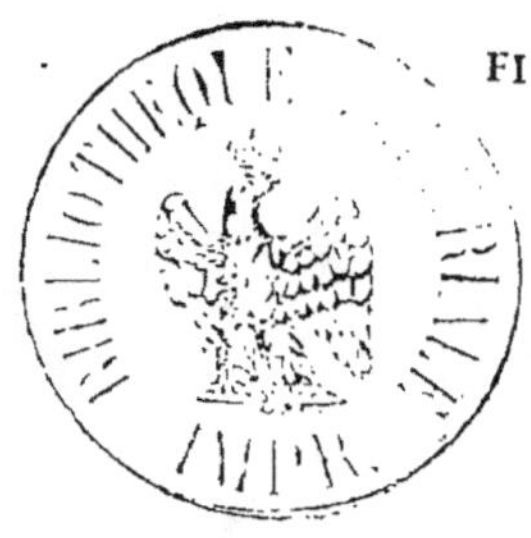

FIN DE LA TABLE.

www.ingramcontent.com/pod-product-compliance
Lightning Source LLC
Chambersburg PA
CBHW051547050726
47595CB00002B/665